JN232690

新 現場からみた放送学

松岡 新兒・向後 英紀 編著

学文社

執筆者

太田　昌宏（横浜国立大学／NHK）　　　　　　　　　　I
小平さち子（NHK放送文化研究所）　　　　　　　　　　II
小田　貞夫（十文字学園女子大学／NHK）　　　　　　　III
曽根　俊郎（日本大学／NHK）　　　　　　　　　　　　IV
田原　茂行（常磐大学／TBS）　　　　　　　　　　　　V
伊豫田康弘（東京女子大学／民放連）　　　　　　　　　VI
篠原　俊行（順天堂大学／民放連）　　　　　　　　　　VII
隈部　紀生（早稲田大学／NHK）　　　　　　　　　　　VIII
市村　　元（早稲田大学／テレビユー福島・TBS）　　　IX
大木圭之介（BPO／NHK）　　　　　　　　　　　　　　X
平塚　千尋（埼玉大学／NHK）　　　　　　　　　　　　XI
＊向後　英紀（日本大学／NHK）　　　　　　　　　　　XII
＊松岡　新兒（日本大学／NHK）　　　　　　　　　　　XIII

（執筆順：＊は編者）
カッコ内は所属大学（元も含む）および元（現在も含む）の所属組織

❖「放送論」はしがき

　本書の第一版は，1996年3月，「現場からみたマスコミ学」シリーズ全五冊の中の放送編として刊行された．その後，今日まで，放送界の変化は激しく，特に，9.11以後，アフガニスタン，イラクと戦争が続き，機器の小型化によって，戦争取材のあり方が変化すると共に，これからを担う子どもたちへの影響も心配されている．また，2003年12月から始まった地上波テレビのデジタル化は，放送の現場だけでなく放送界全般に今後も引き続いて大きな影響を与えていくことは必至である．このような情勢を踏まえて，現状に合わせた内容に変えていく必要があるのではないかと考え，ほぼ全面改稿の改定版を編むことにした次第である．

　このため，本書では，戦争報道，地上波デジタルに関しては，最新のデータを織り込んで詳述しているのを始め，放送現場だけにとどまらず産業構造や法制度，地域放送局の実情等関連する部門にも範囲を広げて問題点を掘り下げている．さらに，災害報道，ドキュメンタリー，報道倫理，市民と放送のかかわりの他，歴史やジャーナリズム等基本的な要素を盛り込んで，放送を体系的に理解できるよう心がけたつもりである．

　「現場」シリーズは，大学におけるマスコミ関係科目用教科書として編まれたものだが，そのコンセプトは，①執筆者はマスコミ現場出身者で，大学でマスコミ関係科目を担当している教員を中心とする②アカデミックな理論中心の教科書ではなく，日本の現実に根ざしつつ現場体験をふまえた，生きたマスコミ論，ジャーナリズム論を目指す，などであった．

　今回の新版では，新しい情報環境に対応するため，執筆者の一部交代を行い，ほぼ全面改稿した．

　本書は大学のマスコミ関係科目用教科書として編まれているが，大学生ばかりでなく，さまざまなメディアの現場で，ジャーナリズムのあり方やメディア

の将来を真剣に考えている人びとにも,現場体験をふまえた研究者・教育者からのメッセージとして受け取って頂ければ望外の幸せである.

　本書と同時に刊行される天野勝文・松岡新兒・植田康夫編「新版　現代マスコミ論のポイント」,および,植田康夫編「新版　現場からみた出版学」を併せてご利用いただければ幸いである.

　全面改稿の新版刊行にあたり,学文社の田中千津子さんには旧版に続き,今回も大変お世話になった.深く感謝したい.

2004年2月　　　　　　　　　　　　　　　　　　　　　　　　松岡新兒
　　　　　　　　　　　　　　　　　　　　　　　　　　　　　向後英紀

目　次

第一部　放送の現場

I　戦争報道　　2

§1　ベトナム戦争とメディア　2

最初の犠牲者は……2／テレビ初の戦争報道……3／政府の対抗策……4

§2　湾岸戦争　4

敗れたのはメディア……4／メディアの政府対策……5／

§3　9.11からアフガニスタン空爆　6

「愛国心」の増幅……6／愛国報道……6／アフガニスタン空爆……7／放送用語をめぐって……8／アルジャジーラの出現……9／

§4　イラク戦争　10

政府の世論誘導……10／エンベッド取材……11／戦争捕虜・遺体についての報道……12／FOX効果……12／ビジネスとしてのテレビ……13／中東メディアの展開……14／戦争とメディア……15

II　子どもとテレビ　　17

§1　子どもにとってのテレビ視聴　17

新しい時代の子どもとテレビ……17／テレビ50年の歴史と子ども向け番組の変容……18／子どものテレビ視聴の特徴……19／子どものコミュニケーションにとってのテレビの役割……20

§2　テレビが子どもに及ぼす影響・効果　21

繰り返されるメディア悪影響論の特徴……21／1990年代の影響論議と対応をめぐる動向……21／暴力描写の影響に関する研究……22／広くとらえたいメディア描写と影響研究の課題……24

§3　米・同時多発テロ時にみる子どもにとってのテレビ　25

緊急時にみるメディアの機能：2つの視点……25／ニュースにおけ

る映像描写をめぐって……25／子どもの心のケアを重視したメディアの即応……26／子どもの年齢に応じたきめ細かい対応……27／日本での対応と今後の課題……29

§4 メディア・リテラシーをめぐる取り組み（メディアにかかわる力の育成）　29

メディア・リテラシーとは……29／メディア・リテラシーへの関心の背景……30／メディア・リテラシー育成へ向けての具体的な動き……31／今後の課題：文化としてのメディアを育てる意義……33

III 災害報道　38

§1 2つの課題――報道と防災　38

災害報道への期待……38／災害を伝えた放送……41／災害報道の展開……42

§2 災害報道の実施　44

災害の経過と情報……44／被害状況の把握……47／安心報道の必要……48／災害報道の光と影……49／

§3 災害報道のこれから　51

巨大災害に備える……51／デジタル化と災害報道……53

IV テレビとスポーツ　～「見るスポーツ」の隆盛とテレビの今日的課題　56

§1 テレビのないスポーツは　56

サマランチの至言？……56／スポーツと放送の相性……57／衛星中継とスローVの開発～「見るスポーツ」隆盛へ……58／テレビがもたらした大会の地球的広がり……60

§2 スポーツ放送権　63

高騰から暴騰へ……63／テレビは放送権高騰の被害者か……64

§3 スポーツ放送の課題　66

絶叫中継はミュートで見よ……66／過剰放送……66

V テレビドキュメンタリーの輝きとその未来　70

§1 ドキュメンタリー番組はどこにある？　70

ドキュメンタリー番組を探してみよう……70／ドキュメンタリーと

いう言葉……73／ある中国人女性の執念「小さな留学生」……75

§2　テレビドキュメンタリーの曙　76

記録映画とテレビドキュメンタリー……76／「日本の素顔」は録音構成の嫡子……78

§3　政治権力とテレビドキュメンタリー　79

ベトナム海兵大隊戦記の衝撃……79／ドキュメンタリーの転機・TBS成田事件……81

§4　社会と技術とテレビの変化の中で　82

逆風の中の輝き……82

§5　テレビドキュメンタリー番組制作の現状　85

企画を通すまで……85／ドキュメンタリーとやらせ……87／テレビドキュメンタリーの未来は？……88

第二部　放送の構造

VI　放送産業の構造　92

§1　2項並立構造の放送産業　92

§2　公共放送と商業放送　93

「情報の多元化」の実現……93／二現体制のメリット……94

§3　全国放送と県域放送　95

NHKと民放の分業体制……95／民放テレビ・ネットワークの機能……95／ネットワークの現況……96／ラジオ・ネットワーク……97

§4　放送局と番組制作会社　98

番組の外注化……98／局系番組制作会社の登場・成長……99

§5　法規制と事業者自主規制　100

制度的メディア……100／免許事業……101／免許事業の法的意味……101／放送法による番組規制……102／放送事業者の自主規制……103

§6　地上波放送と衛星放送　105

衛星放送の概要……105／衛星放送のスタート……105／CS放送のスタート……106

§7　放送施設所有の放送事業者と非所有の放送事業者　107

ハード・ソフトの一致原則……107／ハード・ソフトの分離……107

§8　デジタル時代の放送産業　108

アナログからデジタルへ……108／デジタル化が描く放送産業像……109

VII　放送法制度　111

§1　制度を支える4つの柱　111

放送事業体：NHK―民間放送の併存体制……112／周波数の利用：「放送の計画的普及」に留意……113／施設管理主体と番組編集主体：「一致」と「分離」の2方式……114／免許・認定制度：審査基準としての「マスメディア集中排除の原則」……116／放送番組編集：いわゆる「番組編集準則」等の順守義務……117

§2　制度改革の焦点　118

「基幹的放送メディア」の制度的位置づけ……119／言論表現活動（ないし情報流通）の実質的な多様性・多元性確保……121／「併存体制」のゆくえ……123

VIII　デジタル放送とメディアの融合　125

§1　デジタル放送の歩み　125

放送のデジタル化とは……125／衛星放送から始まったデジタルテレビ……126／BSデジタルテレビの魅力と伸び悩み……127

§2　地上デジタルテレビ放送の開始　128

世界の地上デジタルテレビ……128／日本の地上デジタルテレビ放送開始……129／デジタルテレビで何を放送するのか……130／受信機の普及と視聴者の理解……131

§3　地上デジタルテレビの課題　132

デジタル放送と著作権……132／デジタル録画機とサーバー……133／双方向テレビの発達と文化の継承……134／アナログテレビの終

了計画……135

§4　メディア融合時代の放送　136

ブロードバンドの映像配信……136／デジタルテレビの携帯への放送は革命か……137／メディア融合時代と著作権……138／放送の特性活用とアイデンティティーの再確立……139

IX　ローカル放送局の現状と課題　141

§1　「地域放送」とネットワーク　141

民間放送局は「地域を基盤」とする……141／地域社会と健全な民主主義の発展……143／「ネットワーク」の存在……143／「事実上の存在」としてのネットワーク……144／「ネットワーク」の仕組み……145／ローカル放送局の自社制作……149／代理店の役割……151

§2　デジタル時代のローカル局経営　152

厳しいローカル局経営……152／重いデジタル設備投資……155／集中排除原則の緩和……157

§3　地域の未来のために　158

地域のライフライン……158／地域との連携……159

第三部　放送の原点

X　倫理・人権　164

§1　放送倫理と放送法　164

放送倫理基本綱領……164／法律による制約……165

§2　放送への批判　166

低俗……166／一億総白痴化……166／差別……167／ワイドショーの出現……167／テレビは加害者……168

§3　厳しくなる司法判断　169

司法からの注文……169／公益性・公共性……169／人権の値段……170

§4　放送界の自律　171

多チャンネル懇談会……171／BRO/BRC の発足……171／青少年と放送に関する委員会……172／BPO の発足……173／他メディアの自律機関……173／外国の自律機関……174

§5 　放送倫理の具体化　175

犯人視報道……175／被害者とプライバシー……175／メディア・スクラム……176／実名・匿名……177／CM の倫理……179／視聴率優先主義……179

§6 　規制か自立か　180

メディア観調査……180

XI　市民と放送　182

§1 　市民放送の歴史　182

新聞・雑誌とテレビ・ラジオの違い……182／ヨーロッパ：海賊放送，自由放送，市民放送……183／アメリカ，カナダ：パブリック・アクセス・チャンネル……185／日本：ケーブル中心に広がった自主放送……186

§2 　市民放送成立の背景　187

市民社会の構造変化……187／電波の高度利用……188／放送機材の家電化……188

§3 　市民放送の現状　189

ヨーロッパ……189／アメリカ，カナダ……190／日本……191

§4 　市民放送の位置づけと課題　193

第3の放送，市民放送の意義……193／制度的，財政的バックアップ……194／メディア・リテラシー，番組の企画制作とその教育研修……195／市民放送の今後，デジタル・ブロードバンド時代の市民と放送……196

XII　放送の変遷　199

§1 　ラジオの時代　199

KDKA 局開局……199／WEAF 局の放送時間販売制度……200／株式会社から公益法人へ……201／社団法人日本放送協会の設立……202／ラジオの普及……203／戦時下の放送……203／CIE の

　　　　民主化番組……205／民法の誕生……206
　§2　テレビの時代　208
　　　　テレビ本放送の開始……208／高度経済成長とテレビ……209／多彩なテレビ番組……211／テレビ批判……212
　§3　デジタル時代へ　213
　　　　テレビは欠かせない……213／テレビ新時代……215

XIII　放送ジャーナリズム　　217

　§1　揺らん期のテレビニュース　217
　　　　久米キャスターの降板……217／テレビ初期の組織……218／初期のテレビニュース……219／早期のトークニュース……219／きょうのニュースとニューススコープ……220
　§2　過渡期のニュース　222
　　　　ニュースセンター9時前夜……222／ニュースセンター9時……223／ニュースステーション……224／運も味方に……226／テレビ的ニュースとは……226
　§3　目標の再点検　227
　　　　視聴者の興味と関心……227／表面上のテレビ特性……228／テレビ視聴の「印象」……229／当事者主義，現場主義……230

索引 …………………………………………………………………233

第一部

放送の現場

I 戦争報道

§1 ベトナム戦争とメディア

最初の犠牲者は…　「戦争が起これば，最初の犠牲者は真実である」(The first casualty when war comes is truth)．アメリカ上院議員のハイラム・ジョンソンが1917年，アメリカが第1次世界大戦への参戦を決定した際に語った言葉といわれる．

アメリカのメディアは，1960～70年代のベトナム戦争では，戦場取材が比較的自由だったことから悲惨な戦争の実態を素早く世界に伝え，これがアメリカ軍撤退，戦争終結の引き金になったといわれる．ところが1991年の湾岸戦争では政府と国防総省は厳しい報道規制を行いメディアの取材活動を封じてしまった．当時戦争に敗れたのは，イラクでなくメディアだとさえいわれた．そして同時多発テロからイラク戦争にいたる一連の報道では，アメリカのメディアは「愛国心」という熱い感情の流れの中に取り込まれてゆくことになった．

戦争が起これば真実が犠牲になることは，歴史的に見て避けられない事実であり，この犠牲をいかに少なくするかがメディアの責務となる．メディアがい

かに戦争と対峙してきたのか，ベトナム戦争以降を対象にアメリカのテレビを中心に検証してみる．

テレビ初の戦争報道　メディアがその存在感を示したのが，1965年から1975年にかけてのベトナム戦争であった．この戦争を取材するため，アメリカはじめ日本，イギリス，フランスなど22カ国から700人近いジャーナリストがベトナムに入り活発な取材活動を展開した．この中には，ニューヨーク・タイムズのデイビット・ハルバースタムやAPのピーター・アーネット（のちにCNN）らがいた．

ベトナム戦争では，作戦上の機密以外は取材制限や検閲はなく，記者はヘリコプターや軍の車両などを利用し，ほぼ自由にベトナム各地の戦場を取材し記事を書いていた．当初記者たちの多くは，この戦争を共産主義の膨張を食い止める正義の戦争と位置づけ，アメリカ軍の介入を支持する雰囲気が強かった．

しかし戦場での取材を続けるうちに，アメリカ政府の公式発表の作為性，南ベトナム軍のモラル喪失が明確となる．そして1968年，北ベトナム・南ベトナム解放民族戦線（ベトコン）による「テト攻勢」で，南ベトナム・アメリカ側の軍事的楽観論は根拠のないものとなり，メディアの報道姿勢も政府や軍に厳しいものとなった．

ベトナム戦争はテレビの戦争ともいわれた．このころアメリカでは1億台のカラーテレビが普及しており，ベトナム戦争の映像が茶の間に届けられた．悲惨なベトナムでの戦争犠牲者の映像はアメリカ市民の間の反戦意識を刺激することになるが，なかでもテト攻勢でサイゴンのアメリカ大使館が北ベトナム・解放戦線に占拠された映像はアメリカ市民に衝撃を与え，こうしたメディアの報道が戦争終結を早めたといわれる．CBSのアンカーマンのウォルター・クロンカイトはテト攻勢に関する特別番組の中で「泥沼から抜け出すためには，交渉の場に（アメリカは）勝利者としてではなく臨むしかない」と解説した．これを聞いたジョンソン大統領は「クロンカイトが支持しないということは，アメリカ市民の支持を失ったことだ」と側近に漏らしたという．この放送から間

もなく，ジョンソン大統領は北爆の停止と大統領選不出馬を決めている．ベトナム戦争とともにアメリカでは，ニューヨーク・タイムズによるペンタゴン・ペーパーのスクープ，ワシントン・ポストによるウォーターゲイト事件報道とメディアの活躍は目覚しく，権力を監視する第4の権力とさえいわれメディア黄金期を築く．

　政府の対抗策　こうしたメディアの影響力の拡大に，政府は警戒感を強めることになる．とくにベトナム戦争の敗因は，テレビなどメディアの報道をコントロールできなかったためだという見方が政府内部に広がり，その後のアメリカの軍事行動に関連するメディアの取材は，厳しく規制されることになった．まず1983年，アメリカは中米グレナダにキューバが共産化の拠点を作ろうとしているとして，兵力を投入．また1989年にはパナマ運河の安全確保，ノリエガ将軍逮捕のためにパナマにも派兵している．この2つの軍事行動についてアメリカ政府はメディアの現地取材を一切禁止した．情報は政府の公式会見とプール取材の映像のみだった．メディアは軍事行動終結後，若干の現地取材を許されたが，実質的に現地取材から締め出されることになった．

§2　湾岸戦争

　敗れたのはメディア　アメリカ政府と軍はベトナム戦争を教訓に策定した対メディア戦略を，1991年の湾岸戦争で実践し，アメリカばかりでなく国際的な世論形成での報道操作に成功したといわれる．このことは逆にメディア関係者からみると，政府と軍の厳しい取材規制に阻まれ充分な報道ができなかったという不満になり，湾岸戦争に敗れたのはメディアだったとの反省がでた．また湾岸戦争では，アメリカCNNが開戦後もバグダッドにとどまり，衛星中継でイラクの情報をはじめてリアルタイムで世界に配信し，新しいメディア時代を印象づけた．これによりCNNは国際的に注目されることになったが，アメリカ国内ではCNNはイラクのプロパガンダという批判を招くことにもなった．

アメリカ政府の湾岸戦争の報道戦略は，定例会見，プール取材，そして検閲の3つを基本にすることだった．会見はワシントンの国防総省と前線司令部を置いたサウジアラビアのダーランの2カ所に限定された．プール取材の要員は，腕たて伏せ2分間に33回以上などと厳しい基本体力が求められ，結果的にアメリカ人だけとなった．しかも映像や原稿は軍の検閲を経ることになった．ダーランの前線司令部に各国から700人近くのジャーナリストが集まったが，提供される情報も，アメリカ軍のハイテク技術を示す「ピンポイント爆撃」の映像などが中心となった．この結果世界の視聴者が目にする湾岸戦争はテレビゲーム画面のようになり，地上戦や誤爆被害など戦争の悲惨さは伝えられず，クリーンな戦争が強調されることになった．

しかし実際には，誤爆により多くのバクダッド市民が死傷した．アメリカが軍事施設として爆撃したバクダッド市内の建物は，CNNのアーネット記者がリポートしたようにミルク工場だった．また湾岸戦争の象徴的な写真となった油にまみれた海鳥の映像は，当時イラクが故意に重油を海に流した環境テロによるもと説明された．しかしこの映像は別の場所で撮影されたものでイラクとは関係ないものだった．

一方開戦前，アメリカ議会で開かれた公聴会でクウェートから命からがら脱出したとされる少女が，「イラク兵が病院の保育器から赤ちゃんを引き出して次々床に投げ捨てた．このため多くの赤ちゃんが死亡した」と証言しアメリカ市民に衝撃を与えた（ナイラ証言）．しかしこの少女はクウェート大使の娘でアメリカ育ち，クウェートには行ったことはなく証言はクウェートから依頼を受けた広告会社が仕組んだものだった．

メディアの政府対策　政府の一方的な情報統制に踊らされ，危機感を募らせたメディアは，湾岸戦争終結の翌年1992年3月，国防総省と「軍事行動の報道に関する原則」(Statement of Principles : News Coverage of Combat) とする文書を交わした．合意した原則は，① メディアの独自取材と報道を原則とする．② プール取材はアメリカ軍の作戦開始24〜36時間以内に限定する．③ アメリ

カ軍は記者のリポートに干渉してはならないなどとなっている．軍の検閲を認めるかどうかは合意できず，双方の主張を併記するにとどまっている．

§3　9.11からアフガニスタン空爆

「愛国心」の増幅　9.11同時多発テロはアメリカ市民にとって建国以来の衝撃であった．アメリカの繁栄を象徴するビルが崩れ去り，3,000人近い人びとが犠牲となる悲劇を，視聴者は茶の間のテレビ画面でリアルタイムで目撃することになったからである．驚きと悲しみ，そして怒りがアメリカ国内に広がった．そしてこの事件がイスラム過激派アルカイダの犯行だとされると，アメリカ国内には団結して外敵に立ち向かおうという集団的情動（Collective Passion）が生まれ，愛国心として増幅していった．ブッシュ大統領は，9月20日議会で演説を行い「すべての国々は今決断しなければならない．我々の側につくか，テロリストの側につくかいずれかだ」（Every nation in every region now has a decision to make : Either you are with us or you are with the terrorists.）と訴えた．敵か味方か，二者択一の踏絵を迫るものであった．

ジャーナリストも，「ジャーナリストである前に愛国者なのか，愛国者であるまえにジャーナリストなのか」と自問を繰り返すことになった．アメリカのニュースキャスターの第一人者，CBSのダン・ラザーは当時「私は普通の愛国的なアメリカ人としてその責任を全うしたい．今は危機的な非常事態であり，政府や大統領や軍については，疑わしきは罰せずの態度をとりたい」と語った．彼のこのコメントが，悲劇が起こった直後の悲しみと怒りが渦巻くなかでのジャーナリストの感情を代表していたのかもしれない．

愛国報道　1987年アメリカ連邦通信委員会（FCC）は放送の公正原則（フェアネス・ドクトリン）を廃止し，放送局は政治的主張を自由に放送してもよいことになるが，アメリカのテレビネットワークは引き続き客観報道の姿勢を堅持していた．しかし9.11の同時多発テロを境に変化がみられる．

ABCニュースのウェスチン社長は，2001年10月コロンビア大学での学生

I 戦争報道　7

との討論会で「ペンタゴンへのテロ攻撃は正当な軍事目標だったと思うか」と質問を受けた．これに対し彼は「われわれの仕事は事実が何であるかを追求することで何であるべきかではない．ペンタゴンが攻撃されたことは事実だが，その善悪を判断するのはジャーナリズムの立場ではない」と答えた．しかしこの発言は国内から痛烈な批判を浴び，まもなく撤回する．彼は「私は間違っていた．9.11の特殊事情を考えていなかった．ペンタゴンへの攻撃は犯罪である」と謝罪した．9.11の衝撃はもはやジャーナリズムに客観的，中立的観察者としての立場を許さなくなっていた．

　ABCのアンカーマン，ピーター・ジェニングスは9.11発生当時，一時所在を不明にした大統領に苛立ち「こういう緊急時こそ大統領の素質が問われる」とコメントすると抗議が殺到した．またなぜ「アメリカは憎まれるか」といった9.11の背景をさぐる番組を制作放送しても視聴率はネットワークの中でも振るわず，客観報道の堅持は経営的にも不利なものとなってゆく．

　アメリカ国内は愛国心のシンボルとしての星条旗で埋め尽くされる．4大ネットワークもいずれも放送画面で愛国的な標語をバナーに掲げた．ABCは「America Fight Back（アメリカは反撃する）」，NBCは「We Shall Overcome（われわれは打ち勝つ）」，CBSは「America Rising（立ち上がるアメリカ）」，Foxは「America United（団結するアメリカ）」，そしてCNNが「America's New War（アメリカの新しい戦争）」であった．解説する専門家も，国防総省や国務省出身の元将軍とか役人が主体となり，平和活動家や宗教家といった人たちは少なく，テレビメディアは愛国心のうねりの中で自らも愛国心を増幅していったといわれる．

　アフガニスタン空爆　アフガニスタンへの空爆開始は2001年10月7日であったが，箝口令が敷かれ，テレビ局は足並みをそろえて空爆が始まるまで，通常番組の放送を続けた．アメリカのメディアがそろって箝口令に従ったことはきわめて珍しいことであった．また中東の衛星テレビ，アルジャジーラが空爆開始直後ビン・ラディンのビデオを放送したが，アメリカ政府はアメリカの

テレビネットワークに異例の要請を行った．このビデオのメッセージにテロ指令の暗号が隠されている可能性があり，良識ある判断＝実質的な放送自粛を要請するものだった．各局はこれに応じてそのまま放送することは止め，編集した映像にコメントをつけるなど手を加える措置をとった．

　自ら情報を自主規制するテレビ局も出てきた．CNN はアフガニスタンでの空爆の被害などを伝える時は，必ずタリバンがテロリストをかくまっていたこと，ニューヨークで数千人が犠牲になったことを付け加えること，アフガニスタンの被害だけを強調しすぎないよう幹部が現場に指示を出した．こうしてニューヨークの悲劇ほどアフガニスタンの悲劇に注意が払われなくなった．またアメリカ政府は，民間の衛星情報会社の精密な衛星写真をすべて買い上げる独占契約を結び，メディアがアフガニスタン上空の写真を利用できないようにしたり，政府の広報部局に民間の広告会社の専門家を国務次官として登用するなどこれまでになく情報戦略に万全を期すことになった．

　政府の攻勢に，メディア側は 1992 年に国防総省と合意した「軍事行動の報道に関する原則」の履行を申し入れるが，政府は愛国心の高まりを背景に無視する．メディア側も強く反発せず，こうした弱い姿勢はあたかも「宮廷ジャーナリズム」のようだとも揶揄された．

　このことはホワイトハウスに設置された国土安全保障局（2003 年 1 月，省に昇格）の初代長官となったトム・リッジが，「国家としてメディア各社とつくった危機管理システムが，機能するようになってきた」という発言と符号する．危機管理システムとは，メディアの国家への協力体制とも読み替えることができるからである．

　放送用語をめぐって　ブッシュ大統領が 9.11 同時多発テロをテロリストによる犯行として以来，テロリストという言葉が頻繁に使われている．しかしこの言葉の使用に慎重なメディアもある．アメリカではテロリズムではなくレジスタンスと表現する新聞もあり，すべてをテロで一括りできない部分もある．ロイターは感情を刺激する言葉は使用しないことを編集方針としており，

「terrorist」「freedom fighter（暴力的手段を用いる反体制活動家）」などはそれに当たるとしている．ニュースでは「car bomber」とか「suicide attack」など状況を説明し読者が理解できるように表現するとしている．またBBCもテロリストという言葉は文化や価値観の異なる各国の状況によって解釈が異なるとして，視聴者が各国にまたがる国際放送では使用しない方針をとっている．

またBBCはイギリスが絡む紛争や戦争では，自国軍を「我軍」と呼ばず「イギリス軍」と呼んで中立的な立場をとっているが，この方針は1982年のフォークランド紛争の際には，当時のサッチャー首相から厳しい批判をうけた．

言葉自体にひとつの価値観が含まれる場合，その言葉を使用するかどうかでそのメディアの立場を明確にしてしまう．日本のメディア報道でもアメリカ軍はイラクに「侵攻」したのか，「進攻」したのかで2つに分かれることになった．また中東メディアのなかには，死亡した自爆テロリストを「殉教者」と表現することが多い．

<u>アルジャジーラの出現</u>　ジャーナリズムの概念が希薄と考えられていた中東に，アルジャジーラのようなニュース専門の衛星チャンネルが存在していたことは当時，欧米メディア関係者にとっては驚きであり，またアメリカ政府とペンタゴンにとっては計算外のことであった．アメリカによるアフガニスタン空爆が始まると，アルジャジーラはカブール支局に届けられたビン・ラディンのビデオを放送した．ビデオには全世界のイスラムの結束を呼びかけるメッセージが収録されており，アルジャジーラは入手したメッセージを次々に独占映像として放送してゆく．またアメリカ軍の誤爆による多くのアフガニスタン市民の痛ましい映像も放送し，アメリカ軍のピンポイント空爆がけっして正確なものでないことを印象づけた．これらの映像は衛星を通じて世界のテレビ局に配信され，アルジャジーラは一躍「中東のCNN」と呼ばれることになった．

アルジャジーラの活躍にアメリカは危機感をつのらせた．パウエル国務長官はアルジャジーラが本部をおくカタールのシェイク・ハマド首長に，ビン・ラディンらのビデオの放送を自粛するよう異例の申し入れを行った．ハマド首長

はこれを受け入れず，またアルジャジーラの編集長ヘラルも「われわれはあなた方から学んだことを実践しようとしているだけだ」と編集方針を堅持した．

アルジャジーラは 1996 年，中東の小国カタールに登場した中東初の衛星 24 時間ニュース・チャンネル，スタッフは約 600 人．記者や編集デスクは BBC のアラビア語放送の出身者が中心で，編集方針やフォーマットも BBC の影響を受けている．カタール政府はアルジャジーラ設立に当たって財政支援とともに自由な放送を目指し検閲制度や情報省を廃止した．

アルジャジーラが登場するまで，世界の情報は欧米メディアが独占し，情報の流れは欧米の「北」から途上国の「南」の一方向，非対称であった．しかしアルジャジーラの登場で，「南」から「北」への流れも始まったことになり，1970 年代，非同盟諸国やユネスコが念願としていた「新世界情報秩序」の構築に 1 歩近づくことになった．

§4　イラク戦争

政府の世論誘導　イギリス政府は，2002 年 9 月に公式文書（The Iraq Dossier）を発表するが，このなかに「イラクは大量破壊兵器を 45 分以内に使用することが可能である」との文言が挿入された．この文言について BBC は「イギリス国民にイラク攻撃を納得させるため，官邸の指示により誇張（sex up）されたものだった」と報道した[1]．このニュースの情報提供者は自殺に追い込まれることになった．またブッシュ大統領も，2003 年 1 月の一般教書で「サダム・フセインが，アフリカから相当量のウランを入手しようとしたことを突き止めた」と述べた．これはイギリス政府の情報に基づくものだったが，この情報も既に根拠が無いと政府関係者が確認していたものだった．

イラク戦争のさなかの 2003 年 4 月，アメリカ中央作戦本部は「イラクの病院で捕虜となっていた女性兵士ジェシカ・リンチ上等兵を救出するため，特殊部隊を潜入させ見事救出に成功した」と発表した．リンチ上等兵の負傷はイラクとの銃撃戦によるもので彼女も果敢に戦ったと説明し，救出劇は暗視カメラ

による映像で全米に放送された．しかし彼女は退役後出版した本の中で負傷は味方同士の交通事故によるもの，また病院にはイラク兵はおらず，イラク側の扱いは丁重だった．自分は英雄ではないと綴っている．

これらの情報は政府が世論を誘導したり，戦意高揚を目指したものであるが，メディアはその真偽をすばやく検証する責任を負わされている．

エンベッド取材　エンベッド（埋め込み）取材は，記者が兵士と寝食をともにして取材する方式で同じようなことは第2次世界大戦やベトナム戦争でも行われているが，あわせて600人もの記者が参加するエンベッドはイラク戦争がはじめてのことだった．このうち20％が外国からの取材陣だった．日本の取材陣は陸軍第3歩兵師団などに同行した．参加する記者は，軍事作戦や一定規模以下の部隊の位置，兵員数などを報じないとするガイドラインを遵守するよう求められた．部隊に従軍した記者によると検閲や取材制限はなかったが，部隊の位置などを記事にして追放される記者もあり，自分の安全のためにも自主検閲するしかなく，とても特ダネを意識する状態ではなかったという．

また兵士と生死をともにすることから，「ストックホルム症候群[2)]」のように客観報道が難しくなり，アメリカ軍のプロパガンダになる危険があると指摘された．確かに記者の中には，イラク軍の攻撃の際に銃弾の運搬を手伝ったり，日本人記者でも，同行するアメリカ部隊がイラク部隊を制圧したとき思わず「やった！」と叫んだと語るものもいた．しかし従軍記者の記事やリポートは，取材条件，状況を読者や視聴者が承知していれば，戦争の全体像をつかむ情報源の一つとして価値が認められることになった．

イラク戦争は，エンベッド取材やアルジャジーラなど中東メディアの活躍もあって，これまでになく大量の映像や情報が提供された戦争であった．これらの素材が充分に活用されたのか活用されなかったのか，すなわちメディアが何を伝えたかとともに何を伝えなかったかも問われることになった．

エンベッド取材の記者の表記だが，日本のメディアでは「従軍」記者と，「同行」記者とに分かれた．実質的に差があるわけではないが，従軍は完全に

軍に従属することであり，プロパガンダを容認しているかのニュアンスがある．実際には難しいことではあるが，「同行」記者はあくまでアメリカ軍と対等な立場で取材するものであり，その意気込みが込められている．

戦争捕虜・遺体についての報道　2003年3月23日，アルジャジーラはイラク軍の捕虜となったアメリカ兵が所属や出身地を質問されるシーンとイラクとの戦闘で戦死したアメリカ兵士の遺体の映像を放送した．イラク国営放送から入手したものだった．アメリカ政府はこのような映像を放送するのはジュネーブ協定違反だと抗議した．アメリカの各局は，放送を見送ったり顔をぼかして放送している．日本のメディアの扱いも局によりまちまちとなった．戦争捕虜の扱いを規定した1949年2月のジュネーブ協定第13条では「戦争捕虜は，とくに暴行，脅迫，侮辱，公衆の好奇心から常に保護されなければならない」と規定している．しかし一方で遺体については，アメリカは2003年7月22日イラク北部モスルに潜伏中のフセイン大統領の長男ウダイ，次男クサイの2人を攻撃して死亡させ，2人の遺体映像を公開した．ラムズフェルド国防長官は，2人が生存中きわめて残忍だったこと，死亡をイラク市民が確認することは，イラクの新しい国づくりのスタートになるもので，遺体映像の公開は正当化されると説明する．アルジャジーラは，アメリカはダブルスタンダードだと批判している．戦争での捕虜や遺体の扱いはメディアの今後の課題となっている．

FOX効果　9.11からイラク戦争にかけて，アメリカ各局の報道の中で，大幅に視聴者を獲得したのは，愛国的なムードを前面に押し立てたFOXニュースだった．FOXニュースはイラク戦争開始後16日間の視聴者は1日平均330万人とCNNの265万人を上回り，ケーブルテレビのニュースチャンネルのトップとなった．戦争報道では実績を誇るCNNがFOXニュースに敗れることになった．その人気はどこにあったのだろうか．FOXニュースでは，画面に星条旗が揺らめき，背後に勇壮なテーマ音楽が流れる．キャスターや解説者は，アメリカの政策やブッシュ大統領を批判する人を激しく攻撃する．またエンベッドでアメリカ軍に同行するFOXの記者は「我軍が進撃」とか「我々

は今日 4 回目の出撃から帰還した」などと部隊と記者が一体化したリポートを送り込んでくる。とくに真っ先にバグダッドに乗り込んだ兵士が，フセイン宮殿の部屋を一つひとつ確認する様子を生放送し，その緊迫のリポートはハリウッド映画のようであった。

　FOX ニュースのこうした成功は，ほかのチャンネルの番組編成に影響を与えてゆくことになる。同じケーブルニュースの MSNBC は反戦的な解説者に代えて愛国的なキャスターや解説者を登用した。またテレビ界全体でも反戦論やブッシュ批判を避け愛国的な傾向を強めることになった。

　ビジネスとしてのテレビ　アメリカの FOX はメディア王といわれるルパート・マードックの傘下にある。マードックはオーストラリアで新聞事業を父から引き継ぎ，これを基盤にイギリス，アジア，アメリカで新聞，テレビを次々に買収し一大メディア王国を築いた。彼は大衆ジャーナリズムを基盤に保守的な立場を明確にするとともに，経営にあっては，新聞は部数，テレビは視聴率を重視し徹底した商業主義を貫いている。アメリカのテレビメディアも，1986 年ジェネラル・エレクトリック（GE）が NBC を買収して以来，ビジネスとしてのテレビの側面が強まってゆく。そして 1995 年には ABC がディズニーに，1999 年に CBS がバイアコムにそれぞれ買収されて，3 大ネットワークはいずれも大資本の傘下に入った。このあとも，タイムワーナーと AOL，NBC とユニバーサルなどメディアの統合再編が続き，アメリカは 5 大メディアグループが競合する形となった。こうなるとテレビは巨大なメディアビジネスの単なる 1 部門になってしまう。投資家の意識もジャーナリズム組織に投資したというより，メディア産業に投資したのであり，市場の平均以上の利回りを期待するようになる。こうした状況では，テレビ局の経営者も普通の経営者と同じ意識になり平均利回り以上のパフォーマンスをあげようと必死になる。

　2002 年 3 月，メディア関係者にとって衝撃的なニュースが流れた。ABC の報道番組「ナイトライン」は 22 年も続いた硬派の看板番組だが，ABC は，この番組をキャスターのテット・コッペルとともに廃止し，かわりに他局の人気

キャスターを移籍し，話題中心のニュースワイドショーに衣替えするというものだった．「ナイトライン」はそれなりの利益をあげているが，この時間帯は他の局はワイドショーでもっと利益をあげており，同じような番組に差し替えて経営効率をあげようというものだった．しかしこの計画は局内外の反対で取りやめとなるが，アメリカのテレビ界の現実を象徴するものでもあった．

アメリカのテレビ局は海外の取材拠点を縮小整理している．これは経営効率からみて海外取材はコスト高とされるためでABCの場合，記者の常駐する海外支局は東京などわずか5カ所という．こうした海外取材網の弱体化が，アメリカ人の中東など国際情勢の理解を一段と妨げているといわれる．

中東メディアの展開　2001年10月のアフガニスタン攻撃では，注目された中東テレビ局はアルジャジーラだけだったが，イラク戦争になるとアルアラビア（UAE・ドバイ），アブダビテレビ（UAE・アブダビ），LBC/アルハヤト（レバノン），ナイルニュース（エジプト），アルマナール（レバノン）などの衛星テレビ局がニュース専門局として体制を整え，イラクの戦況を競って伝えた．

このうちアルアラビアはアルジャジーラの編集方針を不満に思うサウジアラビアやクウェートなどが対抗するチャンネルとして，イラク戦争開戦の直前にスタートさせたものである．しかし記者や編集スタッフにアルジャジーラやBBC経験者を多く採用したこともあり，放送内容はアルジャジーラとあまり変わらないものとなった．またLBCはドラマなどに人気があったが，アラブの高級紙アルハヤトと業務提携しニュース部門を強化した．

中東各国は基本的にはテレビ・ラジオを国家統制の下に置いているが，カタールは検閲と情報省を廃止し，アルジャジーラについて報道の自由を認めている．またUAEもドバイ・メディア・シティを中東の情報発信基地として建設し，ここに誘致したメディアには一定の条件のもと報道の自由を保障している．

中東衛星放送局の電波はアラブから北アフリカ，ヨーロッパ地域まで届いており，国境を越えるテレビはアラブの視聴者に着実に浸透している．NHKがシリアなど4カ国の視聴者100人にアンケートしたが，BBCやCNNなど欧

米チャンネルを視聴する人は第1選択ではゼロ，第2選択と第3選択でそれぞれ5人とその存在感は薄くなっている．

戦争とメディア　メディアがジャーナリズムとしてその役割を果たせば，少なくとも情報不足や誤解による国際紛争や戦争は避けられるかもしれない．しかしメディアがいくら頑張っても防ぐことができない戦争もある．欧米のジャーナリズムの中には，戦争をやむをえないものとして受け入れ，その中でいかに公正な報道を確保するか，すなわち「戦争の民主化」を議論する動きもある．日本でも有事体制が論議されており，有事にいかにメディアが対応するか十分な議論が必要になっている．科学者には国籍があるが，科学には国籍はない．音楽家もそうであろう．そうであればジャーナリストには国籍があるかもしれないが，ジャーナリズムには国籍はいらない．

ニューヨーク・タイムズの元記者でメディア活動家でもあるビル・コバッチはかく語る．「ジャーナリストは，日々の出来事を誰にも干渉されず検証し，そして誰かが私利私欲で秘密にしている情報を明らかにすることで，良き愛国者として民主主義に奉仕できる」，すなわちジャーナリストの愛国心はジャーナリストに徹するにあると主張している．

（太田　昌宏）

注）
1）2004年1月ハットン委員会は，BBC報道に根拠はなかったと結論づけたが，公式文書への疑問は払拭されていない．
2）「ストックホルム症候群」長時間人質となった被害者と犯人との間で，連帯感や同情心が生まれる現象．1973年，ストックホルムの銀行強盗事件でみられた．

参考文献
P・ナイトリー著，芳地昌三訳『戦争報道の内幕』時事通信社　1987年
D・ハルバースタム著，筑紫哲也・東郷茂彦訳『メディアの権力』サイマル出版　1983年
D・ハルバースタム著，小倉慶郎ほか訳『静かなる戦争』PHP研究所　2003年

原寿雄・桂敬一・田島泰彦『メディア規制とテロ・戦争報道』明石書店　2001年
「緊急報告　米同時多発テロとメディア」NHK放送文化研究所　2001年
『検証1年』NHK放送文化研究所　2002年
『報告・討論会』NHK放送文化研究所　2002年

II 子どもとテレビ

§1　子どもにとってのテレビ視聴

　　新しい時代の子どもとテレビ　　多様なメディアが登場する時代となったが，テレビは相変わらず，子どもにとって最も身近な映像メディアである．そのテレビで子どもたちが目にするのは，子ども向けに放送されている番組ばかりでなく，一般向けのバラエティー番組もあれば，ニュース・報道番組もある．後者の番組は，子どもが視聴している時間量ということからいえば，必ずしも多くはないが，近年のように，テロや戦争報道が増加する時代にあっては，テレビおよびインターネットなどで深刻な現実を伝える映像・情報が子どもに及ぼす影響を懸念する声も高まっている．とくに2001年のアメリカ同時多発テロや2003年のイラク戦争は，各国で，子どもにとってのテレビのあり方を考える重要な機会をもたらした．

　本章では，まず，50年の歴史を経た日本の子ども向け番組の特徴と子どものテレビ視聴実態を概観し，テレビの影響のとらえかたを整理したうえで，同時多発テロの際にアメリカを中心とする放送機関がどのような対応をみせたの

か，具体例の紹介を通して今後の課題を提示し，最後に，このような時代のメディア・リテラシーの育成をめぐる動向に目を向けることとしたい．

<mark>テレビ50年の歴史と子ども向け番組の変容</mark>　2003年2月1日，日本のテレビ放送は50歳の誕生日を迎えた．印刷メディアに比べるとごく短い歴史だが，この50年間に，子ども向けテレビも，さまざまな変化を見せてきた．連続人形劇『チロリン村とクルミの木』（NHK，1956年），国産テレビ映画第1号『月光仮面』（KRT，1958年）の登場を経て，国内の番組制作体制も整いはじめ，次第に子ども向け番組の放送が増えた．テレビ開始10年を迎えた1963年には，国産長編テレビアニメ『鉄腕アトム』（フジテレビ）が登場し，子どもも大人もひきつけたばかりでなく，民放局やスポンサーに対して，テレビアニメがビジネスになりうることを強く認識させ，以降多様なアニメ番組が放送されてきた．

日本では，テレビ放送開始時点から子どもという視聴者を明確に意識していたため，他の国ぐにに比べて，早くから子ども向け番組が充実していたといえる．朝や夕方に，子ども向けの時間帯が設けられ，1960年代の段階で午後7時台といったゴールデンアワーにも人気アニメなどの子ども番組が進出していたこと，『おかあさんといっしょ』をはじめとする幼児を明確な対象とする番組が数多く放送されてきたことなども，その具体的な例である．

ただし，とくに民放では，子ども向け番組は，大人向け番組の影響を受けやすいという状況も見逃せない．1970年代に全盛期を迎えた幼児向け番組も，民放では，朝の時間帯に放送を拡大し始めたワイドショーの進出のため，1980年代初頭までに『ひらけ！　ポンキッキ』（フジテレビ）以外の番組が姿を消し，さらに1980年代後半には，午後6時台は大人向けのニュース・情報番組の時間帯となり，アニメ番組の放送も減少し始めた．

こうした状況の中で，NHKでは，1990年度，教育テレビを中心に「次世代を担う子どもたちを育む番組の拡充」を強調する方針を示して以来，それまで以上に番組の多様化・質の向上とわかりやすい編成に力を注ぎながら，テレビ50年を迎えた．

1990年代以降，世界の子ども向け番組にも共通してみられる重要な特徴として，①厳しい社会の現実に目を向ける番組，ニュースや時事問題を扱う子ども向け番組の充実，②制作のプロセスに子どもがかかわりを持つ番組の増加をあげることができる．1994年から放送されている『週刊こどもニュース』（NHK総合）は，①②の両要素を備えた例として評価をえてきた．

<u>子どものテレビ視聴の特徴</u>　2003年6月のNHK全国個人視聴率調査によると，小・中・高校生のテレビ視聴時間は，週平均1日当たりそれぞれ，2時間15分，1時間49分，1時間53分であった．7歳以上の国民全体の3時間42分より1時間以上短く，子どものテレビ視聴時間量は大人より少ないことがわかる．

1983年に登場したテレビゲームの普及で，子どものテレビ視聴が減るのではないかといわれた時期もあったが，その傾向はみられず，子どものテレビ視聴時間は，この20年間，ほぼ2時間から2時間半の間で推移してきた．『ポケットモンスター』のようにテレビゲームのストーリーを基にしたアニメが人気番組になるなど，ゲームとテレビとが相互に関連し合う例も少なくない．

小学生にとっての人気番組の中心は，長年，アニメマンガと変身アクションドラマ（後者は男子）に代表されてきた．年齢があがるにつれ，お笑い・バラエティー，クイズ・ゲーム，歌・音楽，人気タレントが登場するドラマ，スポーツ中継などが加わって視聴ジャンルが広がり，中学生・高校生では，アニメの位置づけが相対的に小さくなる．いずれにしても，子どもたちの家庭でのテレビ視聴は，娯楽番組が中心である．

2～6歳を対象とした2003年6月のNHK幼児視聴率調査（東京30km圏）によれば，幼児のテレビ視聴時間は1日あたり2時間29分であった．親が番組を選ぶことが多い低年齢幼児では，NHK教育テレビの幼児向け番組視聴のウエイトが高く，5，6歳では，アニメ番組中心で小学生に近い視聴傾向がみられるなど，年齢差が顕著である．

また，子どもが0歳代からテレビに接している実態は，1979年の調査でも

明らかであったが，2003年3月に，24年ぶりで実施されたNHKの「幼児の生活時間調査」（東京50km圏）によれば，0歳代でテレビを見はじめる子どもの比率が3人に2人にまで増え，「画面に対する関心を示す時期」や「見たい番組がだいたい決まって習慣的に見る時期」が早まっていることが明らかになった．

<u>子どものコミュニケーションにとってのテレビの役割</u>　小・中・高校生たちの間では，「世の中のできごとについて知りたい」「くつろいだり楽しんだりしたい」「知識や教養を身につけたい」「友だちづきあいの情報をえたい」など，多岐にわたる観点で，テレビに対する評価が高い．硬軟さまざまな情報源として，さらに，気分転換のためのメディアとして，テレビが子どもの生活の中で，大きな位置を占めている様子がうかがえる．また，小学生がテレビを見る第1の理由は，「面白い番組を楽しみたい」というものだが，「見ていないと友だちと話が合わないから」という回答も上位にあがることが多く，テレビが友だちづきあいにおいて重要な意味をもっていることがわかる．

幼児の場合には，幼稚園や保育所で毎日多くの幼児たちに接する保育者たちの観察でも顕著なとおり，"ごっこ遊び"という形で，テレビ視聴の経験が友だちの間で共有されている．

家族間のコミュニケーションにおけるテレビの役割も注目される．テレビの複数所有化が進み，子ども部屋にテレビがある状況も増えて，子どもの年齢があがるにつれひとりで視聴する傾向は高くなるが，全体としては，常にひとり部屋にこもって見ているわけではなく，とくに中学生段階までは，家族と一緒に見ている場合が多い．親と行動を別にする時間が増える中で，親子での会話の素材を提供するものとしてテレビが一定の役割を果たす面があることも注目されよう．

1980年代以降，テレビゲーム，CD/MDプレーヤー，パソコン，携帯電話など新しいメディアが次つぎ登場しているが，テレビは，時間量の面でも意識の面でも，相変わらず子どもの生活の中で，大きな位置を占めている．

§2　テレビが子どもに及ぼす影響・効果

繰り返されるメディア悪影響論の特徴　新しいメディアが登場するたびに，子どもへの影響・効果をめぐる議論が繰り返される．少年非行の第1次ピークという社会的状況が存在した中，1953年に放送が始まったテレビの場合も，開始時点から，その影響，とくに懸念される影響に対する社会的関心が高かった．勉強時間が減少して学力が低下するのではないか，落ち着きのない子どもが増えるのではないか，番組の中には子どもの性格形成に好ましくない影響を与えるものがあるのではないかなど，その内容は多岐にわたっていた．

主観的な意見を基に議論が拡大する中，科学的手法による調査の必要性が高まった1950年代後半から1960年代にかけて，NHK放送文化研究所[1]，日本民間放送連盟（民放連），文部省（現文部科学省）などが，①生活行動や余暇活動に及ぼす影響や②学力や性格形成など子どもの内面活動に及ぼす影響を多面的に調べるための大規模な研究を実施した[2]．

それらの研究結果は，一般に人びとが懸念していたようなテレビの影響を検出するものではなく，むしろそれまで科学的根拠に基づかない悪影響論が横行していたことを明らかにするものであった．それにもかかわらず，1960年代には政府のマスコミ規制化傾向が進み，その後も1970年代，1980年代，青少年の問題行動が話題になるたびに，メディアの影響がクローズアップされ，テレビ批判の議論が繰り返されてきた．

1990年代の影響論議と対応をめぐる動向　メディア環境の急激な変化と，家族関係や学校環境の変容，犯罪の低年齢化や内容の深刻化などの社会不安が同時に進行した1990年代には，テレビ番組，ビデオソフト，ゲームソフト，インターネットなど，さまざまなメディアの内容が，子どもの攻撃的な態度や行動をはじめとする懸念される状況に結びついているのではないかとの批判が大きくなり，各国で具体的な対応策を探る傾向が強まった．

たとえば，番組のランクづけやVチップ制度導入（あらかじめ保護者が番組選

択を行い，コンピューターに登録しておくことで，子どもに見せたくない番組を遮断するしくみをテレビに組み込むことの義務づけ）で番組内容の規制化を進めたアメリカ，そうした方法には毅然と反対を表明して，放送機関による自主ガイドラインの強化（放送時間帯の配慮や番組の質のチェックの強化など）を進めたイギリスなど，対応方法は国によって異なる．

　日本では，海外の動向にも大きく影響を受けながら，1990年代後半以降，郵政省（現総務省）を中心に設置された調査研究会なども含めて，活発な議論が繰り広げられ，イギリス型に近い考え方での対応が進められてきた．1999年6月，日本民間放送連盟（民放連）は「17時～21時に放送する番組については，児童および青少年，とりわけ児童の視聴に十分，配慮する」という具体的な時間帯の設定や「青少年の知識や理解力を高め，情操を豊かにする番組を各放送機関は少なくとも週3時間放送する」などの方針を打ち出した．

　また，規制の強化だけでは問題の根本解決にならないとして，日本も含む多くの国で，メディア・リテラシー教育の充実をめざす動きが続いている（第4節）．

　暴力描写の影響に関する研究　テレビの影響の中でも，暴力描写は常に関心の高いテーマで，アメリカを中心に行われてきた数多い影響研究もこのテーマに集中している．テレビで暴力描写を視聴することは，子どもの攻撃的な態度や行動に結びついているのだろうか．これまでの各種実証的研究の多くは，"テレビ暴力への接触"と"現実社会での攻撃的態度や行動"の間には相関関係があることを示しているが，因果関係については断定的でない．メディアと子どもの攻撃性の関係は，遺伝，心理要素，家族環境，社会経済環境など，多くの影響要因が介在する複雑なもので，メディアの影響だけを取り出して論じたり，因果関係の特定を行うのは困難なのである．

　研究者たちの間では，すでに1980年代から，暴力描写の影響の有無や因果関係の解明よりも，①人びとは暴力描写からどのような種類の影響を受ける可能性があるのか，②そうした影響を受ける可能性が高いのは，どのような

表 II-1　テレビの暴力描写の要因と予測される影響の関係性

暴力描写の状況的要因	予測されるメディアの暴力描写視聴の影響		
	攻撃的態度の学習（模倣）	暴力に対する恐怖感	暴力に対する感覚の鈍化
魅力的な加害者	△		
魅力的な被害者		△	
正当化された暴力	△		
正当化されない暴力	▼	△	
武器の登場	△		
大規模な/なまなましい暴力描写	△	△	△
現実的な暴力	△	△	
暴力に対する報い	△	△	
暴力に対する罰	▼	▼	
苦痛/危害のてがかり	▼		
ユーモアの介在	△		△

△＝結果を促進する傾向　▼＝結果を減退する傾向

注）予測は，過去の影響研究のレビューに基づく．空欄は予測を行うのに十分な研究成果がないことを示す．「NTVS（National Television Violence Study）本報告書」(1996) p. 1, 17をもとに作成．日本語での本研究の紹介は，次の論文に詳しい．
出所）小平さち子「欧米にみる"子どもに及ぼす映像描写の影響"研究」『放送研究と調査』日本放送出版協会，1996年9月号

種類の暴力描写に接した場合なのかという関係性が重視されてきた．1990年代半ばには，過去の影響研究の詳細な分析を行って，テレビの暴力描写が人びとに与える影響が，暴力の内容やコンテクストによってどのように異なるかを把握するという貴重な研究成果が発表されている．そのポイントは，表II-1に示したとおりである．

　暴力描写というと，まねすることの危惧がクローズアップされるが，恐怖心を抱いたり，あるいは見慣れることで感覚が鈍くなってしまうという影響も存在する．また，同じ暴力場面でも，それが正当なものだと説明される場合には，

見ている人はより攻撃的になる可能性があることや，"自己防衛"としての暴力よりも"復讐"として描かれる暴力のほうが，見ている人の攻撃性を高めるなど，描き方による影響の違いも指摘されている．

<mark>広くとらえたいメディア描写と影響研究の課題</mark>　「テレビの暴力描写」というと，アクションドラマやアニメなどフィクション番組での殴る，蹴る，武器で人を傷つけるといった場面を思い浮かべることが多い．しかし，それ以外にも，物理的な乱暴ではないが思いやりのない行為，言葉による暴力などにも目を向ける必要があろう．また，次節でもふれるように，とくに湾岸戦争以降，同時多発テロやイラク戦争など，現実に起こっている世界各地の戦争のニュース映像が，子どもたちの目に触れる機会が増える中，ノンフィクションの映像描写に対する懸念が，世界的に高まっている．この点については，文化による違いも大きいようだ．北アイルランド問題などを抱えているイギリスでは，早くからニュース映像の刺激的な描写ばかりでなく，サッカーの試合観戦中に大人たちが暴徒と化す場面についても，子どもへの影響を配慮して，子どもが視聴している時間帯にそうした映像がいきなり飛び込んでくる事がないような配慮も行ってきた．

　描写の内容についても，暴力，性描写，言語表現のほかに，ジェンダー（性役割）・人種・子ども・高齢者の描き方など，さまざまな観点があり，暴力描写ほどではないが，ある程度研究も行われているが，メディアの描写の影響という観点から，日本でも，こうしたテーマへの関心がさらに広がっていくものと思われる．

　テレビが子どもに与えるのは，もちろん，好ましくない影響ばかりではない．1980年代から1990年代に行われたアメリカの研究では，幼児期に『セサミストリート』をはじめとする教育的なテレビ番組を視聴していたことが，10年以上経過した高校での成績，とくに英語（国語），数学，科学に肯定的に反映されるという結果が検出され（とくに男子で顕著な傾向）注目されている．幼児期のテレビ視聴を通して学習に対する積極的な姿勢を身につけ，就学後の早い段階

で学校に適応することで，能力を発揮する機会に恵まれ，結果として自信が芽生え，学習意欲が高まり，学習成果にも反映されるという形で，その影響がプラスの方向へと加速されるプロセスが説明されている[3]．

　この研究のように，テレビ視聴の影響を10年もたった時点で把握することの意義は研究者たちが認めるところだが，現実問題として，この種の研究の実現は容易でない．日本では，2000年代に入ると，子どもの発達過程の中でのメディアとの関係を長期にわたって克明に追うことでメディアの影響・効果を調べる研究プロジェクトがいくつか始まった．そのひとつが，NHK放送文化研究所が，さまざまな専門分野の研究者と共同で始めたフォローアップ調査である．2003年に1,000名を超える0歳児を対象に調査を開始し，映像メディアへの接触状況，生活環境・家族環境，子どもの発達（認知能力，行動，社会認識など），子どもの気質・性格などを継続的に調査して，総合的に分析することで，映像メディアが子どもの発達・成長に与える影響・効果をプラス・マイナス両面から解明しようというものである．影響・効果の因果関係をある程度まで明らかにすることや，影響・効果のパターンを検出することなどが期待されている．

§3　米・同時多発テロ時にみる子どもにとってのテレビ

　緊急時にみるメディアの機能：2つの視点　2001年9月に起きたアメリカ同時多発テロは，さまざまな観点からテレビをはじめとするメディアを注目する機会となったが，そのポイントを整理してみると，次の2点にまとめることができる．

① 事件を伝える映像・情報が子どもに及ぼす影響への対応
② メディアの積極的関与としての多様な子ども向けサービスの展開

　ここでは，テロ発生直後の番組制作機関や放送機関の対応の実態と，その後の展開に目を向け，子どもにとってのメディアの役割と可能性を考えてみよう．

　ニュースにおける映像描写をめぐって　同時多発テロ発生時，「子どもと

メディア」という観点で，まず多くの人が注目したのは，アメリカでも日本でも，事件を伝えるテレビの映像描写が及ぼす心理的な影響（衝撃的な映像が繰り返し放送されることの問題）であった．

アメリカでは，精神医学の専門家などから収集した情報を反映させたネットワークのABCニュースが，いち早く，飛行機がビルに激突する映像やビル崩壊の映像を動画として使わないことを決定するなど，各放送局がショッキングな映像の使用をそれぞれの判断で自粛した．

機敏な対応の背景には，1995年のオクラホマシティー爆破事件の際の実証研究の結果など，過去の経験の活用が存在していた．PTSD（心的外傷後ストレス障害）の専門機関が，子どものニュースへの接し方などについてもアドバイスをとりまとめて，ウェブサイトで提供するといった対応もみられた．「惨事の際，メディアは人びとが求める多様な情報を提供する重要なソースである」というメディアの基本機能を認めたうえで，とくに子どもの場合は，事件関連のテレビを見すぎると好ましくない影響を受ける恐れがあるため，子どもの年齢やストレス度などを見極めて，テレビを見せる量や種類を限定したり，大人がニュースを一緒に見て話し合うことで子どもが誤った現実認識（思い込み）をしないよう手助けすることが必要なことなどを，指摘している．

事件報道の映像の扱いに留意するだけでなく，ドラマやコメディーなど娯楽番組でも，事件を連想させる恐れのある場面の削除・修正や，番組変更，放送延期などの対応も行われた．テロリストが飛行機で空中爆破を引き起こす場面の削除はもちろんのこと，ニューヨークの世界貿易センターが含まれる場面や，高層ビルに閉じ込められるという会話を含む番組でも修正が行われている．

子どもの心のケアを重視したメディアの即応　そして，放送局が「ショッキングな映像や情報で子どもに不安をもたらすことがないよう配慮する」だけでなく，さらに一歩進んでメディアの積極的な機能を生かして「事件そのものが子どもに及ぼす影響をケアし」さらに「子どもたち自身が年齢に応じてこの事件を考え，対応すべき方向を見つけていく」ための適切な情報やアドバイス

を，事件直後から，子ども，親，教師に向けて広く提供していた点が注目される．

　早い放送局では，9月11日の事件当日，地元在住の心理学者と親をスタジオに招いて，事件に対処していく際の子どもの心のケアについて，親・教師向けアドバイスを提供する特別緊急番組を制作して，生放送を行っている．30分の番組は，放送局のウェブサイトでも動画配信された．番組を補足するものとして，子どもの発達段階別の詳細な対応アドバイスの内容も，いち早くウェブサイトに掲載された．こうした内容は，翌日以降も，各種情報番組で取り上げられたが，テレビとインターネットをうまく組み合わせた放送局の対応が，随所にみられた．

　子どもの年齢に応じたきめ細かい対応　事件数日後には，子ども対象の番組の放送も始まったが，以下はその一例である．

　事件から4日目，ふだんなら子どもたちがアニメを楽しむ土曜日午前中，商業ネットワークのABCでは，メインニュースのアンカーパーソン，ピーター・ジェニングスが進行役を務める2時間の緊急ディスカッション番組が放送された．子どもたちの不安や疑問について一緒に考えるために企画されたもので，小学生と家族，心理学や精神医学，宗教，軍事などの専門家を含めて約100名をニューヨークのスタジオに迎えて，ディスカッションが繰り広げられた．大人が子どもの疑問に答えるだけでなく，子どもたちの間で議論が展開する場面もあり，また，ディスカッションの最中にスタジオで専門家によるカウンセリングが行われる一幕もあるなど，多様性に富む番組であった．ジェニングス自身が，常々子どもにとってのニュースの重要性に着目している人物で，24時間体制で報道に携わっている最中このこの番組進行役を務めた意義は大きかった．

　定時放送の子ども番組でも，事件当日に特別番組の制作が始まった．子ども向け専門チャンネルNickelodeonの看板番組"Nick News"は，1991年の湾岸戦争を機に，リンダ・エレビーというジャーナリストが始めた小学生向けニ

ュースマガジン番組で，彼女自身が企画・制作・司会進行を務め，毎回10人前後の8〜12歳の子どもたちがスタジオでディスカッションに参加する．事件映像の使用について慎重論が高まる中，この番組では，「歴史的な出来事を取り上げて，子どもの物の見方，世界の見方を育てる意味で，後々まで記録すべき歴史事象としての認識は重要」という立場を示して，ショックを和らげる配慮と注意深いナレーションを準備のうえ，番組冒頭で当日の惨劇を伝える映像を提示している．そして，「この問題をどう考え，どう取り組むべきか」について，子どもたちとのディスカッションを展開している．大人たちの間にもパニックが広がっている段階で，子どもたちに現実に起こっている問題を認識し，自分たちにできる現実的な対応や，異文化の理解・尊重といった根源的な問題の本質を冷静に考えさせようとするジャーナリストの視点がうかがえる．

公共放送の小学生向けスタジオマガジン番組"ZOOM"では，全米各地の子どもたちから，番組のウェブサイトに事件をめぐるメッセージが殺到したことから，子どもたち一人ひとりが事件から立ち直るきっかけを提供することをねらいとした特別番組を放送している．1回の放送で完結させるのではなく，その後もウェブサイトを活用して，子どもや家族に向けた情報やアドバイスの提供を続け，子ども同士のコミュニケーションの促進に力を注いだ点に特徴がある．

その他，学校教育の中でこの事件をどう扱ったらよいのかについても戸惑いが多い中，学年別のテーマや授業案，心のケアに関するアドバイスなども，放送局のウェブサイトを通じて，教師向けに提供された．

幼児向けの対応は，子どもの発達段階の観点から，小学生以上の場合とは異なっていた．子どもがふだん楽しみにしている幼児向け番組は平常どおり放送して，幼児に安心感を与えることが重要との考えから，その時間帯には，極力事件関連の放送が入らないような配慮も行われていた．

そして，直接事件を思い起こさせることなく，感情をコントロールして，心の落ち着きを取り戻すことができるよう，幼児や母親になじみのある人気番組

のキャラクターや登場人物を出演させて,「怖がらなくても大丈夫」などの短いメッセージを伝えるスポットを,番組と番組の間に放送する工夫も行われた.

また,『セサミストリート』など人気番組のウェブサイト,あるいは放送局自身のウェブサイトを活用して,専門家による情報を提供して,親や保育者たちに,大人自身がパニックに陥らず,子どもを安心させるようしっかり向き合うことや,子どもの年齢や状況に応じた具体的な対応アドバイスが行われていた点も注目される.

<u>日本での対応と今後の課題</u>　日本でも,アメリカ同時多発テロに関連して,『週刊こどもニュース』で子どもに向けた解説が行われ,ショッキングな映像の使用をある段階から自粛するなどの対応もみられた.しかし,それ以前からテレビでの事件・事故等の報道に際して子どもへの配慮を議論していた「放送と青少年に関する委員会」[4]では,今後日本でも起こりうる事件や事故をめぐるテレビの対応を本格的に考えるべきタイミングであると考え,2002年3月「『衝撃的な事件・事故報道の子どもへの配慮』についての提言」(http://www.bpo.gr.jp/youth/ に掲載)を発表し,各放送局での検討を要請した.要請のポイントとしてあげられたのは次の4点である.①刺激的な映像の使用についての配慮,②映像の繰り返し効果に対する慎重な検討と配慮,③子どもにわかる日常的なニュース解説の必要性,④緊急時対応のための研究や心のケアに関する専門家チームとの日常的な連携の必要性.

2003年には,イラク戦争の報道をめぐる議論が展開されたが,戦争報道が幼児に及ぼしている状況を調べるため保育士対象のアンケートを実施した民間の臨床教育研究所では,予想をはるかに超えて,テロと戦争の影が子どもたちの生活や心に入り込んでいる点を指摘している.

§4　メディア・リテラシーをめぐる取り組み
　　　（メディアにかかわる力の育成）

<u>メディア・リテラシーとは</u>　日本で「メディア・リテラシー」という言葉

がさかんに登場するようになったのは，1990年代半ば以降のことである．リテラシー（literacy）という言葉は，もともと活字メディアについての「読み書き能力」を意味しているが，テレビ，ビデオ，コンピューターなどの電子メディアについての類似の能力を表すものとして「メディア・リテラシー」という表現が登場したといえる．

ひとことで定義するのは難しいが，メディアの特徴を理解して，メディアが発するメッセージ・情報を主体的に読み解き，自らの分析・判断で活用し，またメディアを用いて自分の考えを表現して，人びととのコミュニケーションをはかるといった複合的な力，ということができよう．メディア社会，情報社会を生きていくために欠かせない，メディアと上手にかかわる力ともいえる．

メディアの送り手と受け手を対比させて，受け手がメディアの問題点を指摘することが目的なのではなく，人間一人ひとりが，メディアとのさまざまなかかわりを通して，自ら冷静に主体的に分析し考える力をもち，メディアをよく知ることで，その内容を効果的に役立てたり，楽しむことができるようになることが重要なのである．

メディア・リテラシーへの関心の背景　では，今なぜ，メディア・リテラシーなのだろうか．テレビには，子どもの頃から家庭でごく自然に親しんでおり，受像機の中に人間が入っているわけでないことや，画面に登場しない人の声としてナレーションの存在があること，頻繁に登場する回想シーンの意味合いについても，家族と一緒に見ているうちに，おのずと理解していることが多い．「画面に近づきすぎないように」「テレビばかり見てないで早く宿題を済ませて寝なさい」といったしつけの観点からの親の注意を受けることはあるが，映像が提示していることの意味を読み取るとか，自分が表現する立場にたつことを意識してテレビについて学ぶという機会は，一般的には設けられてこなかった．

ところが，1980年代あたりから，テレビをめぐる状況に多様な変化が表れた．第1に，ビデオやテレビゲームの普及で，テレビはテレビ番組を見るだけ

のものではなくなり，ケーブルや衛星の普及で何十チャンネルにもアクセスできる状況となった．携帯電話でテレビを見ることも可能な時代である．こうした情報技術の進展によって，メディアは使い方を学ぶ必要のある情報機器として認識されるようになってきた．

第2に，テレビを見る側に，映し出されるままを受け取るのでなく，その背後にあるものも含めて全貌を読み取る必要性を認識させる事象が，1980年代半ば以降増えている．事件・事故や災害報道の過熱取材の問題，誤報による人権侵害の問題，番組制作でのいわゆる「やらせ」の問題などが，メディアに対する人びとの目を厳しくさせている．

第3に，これまでメディアの作り手（ごく少数のプロ）と受け手（多くの人びと）がはっきり2つに分かれていたのが，家庭用ビデオカメラや，コンピューター，インターネットなどの普及によって，子どもを含むすべての人びとが，メディアの作り手となりうるメディア環境が整ってきた状況がある．

加えて，第2節でもふれたように，青少年の問題行動の深刻化など社会不安が増す中で，テレビ，テレビゲームをはじめとするメディアの描写の影響をめぐる懸念への対応策が議論され，1990年代後半になると，メディア・リテラシーの重要性が注目されるようになったといえる．

<u>メディア・リテラシー育成へ向けての具体的な動き</u>　メディアの発展の歴史的・制度的特徴や，文化，教育制度，あるいは立場の違いによって，そのとらえかたや具体的な取り組みもさまざまだが，メディア・リテラシー教育の先進国として知られているのは，イギリス，カナダ，オーストラリア，北欧諸国などである．歴史は浅いが，アメリカも，1990年代以降精力的な取り組みを進めている．カナダでは，1970年代からオンタリオ州の教師たちが草の根運動を展開して，教育指導要領の改訂をもたらし，テレビ局を巻き込んでメディア・リテラシー教育を推し進めてきたが，この実践は，日本にも大きな影響を与えている．

日本でのメディア・リテラシーへの取り組みは，市民団体が1970年代後半

から活動を始めていた例や，それ以前から映像教育の中で実施していた小学校の例などはあるものの，社会的に認識され，取り組みが広がり始めたのは，2000年代に入る頃からである．市民グループ，教師や大学の研究者たちの研究プロジェクト，学校，放送局，行政などで，少しずつ具体的な取り組みが進んでいる．学校と放送局と研究者といった具合に，異なるメンバーが相互に協力するケースが多いことも，特徴といえる．

◆FCT市民のメディア・フォーラム：1977年に子どものテレビの会として活動を開始し，1999年には特定非営利活動法人となったFCTは，メディア・リテラシーの重要性に早くから注目し，海外の市民団体とのネットワークも生かしながら，実証的な研究と実践活動を積み重ねる広場をつくる活動を続けてきた．メディア・リテラシーの普及へ向けて，教材の開発・発行とファシリテーター（指導者）の育成に力を注いでいる．

◆授業づくりネットワーク・メディアリテラシー教育研究会：立場や考え方の違いをつきあわせていく中で新しい授業を作り出そうという民間教育団体「授業づくりネットワーク」の中に，2000年「メディアリテラシー教育研究会」が発足して，教育研究を行っている．ここでも，教育関係者（学校の教師や大学の研究者）とメディア関係者の積極的な交流を進める中で，具体的な授業の実践例を蓄積して，その情報は随時，ウェブサイトやメールマガジン，月刊誌などで提供している．小学生にCMづくりを体験させてテレビにおけるCMの意味を学ばせたり，プロ野球中継を素材に，カメラワークや情報提示，音声の工夫と効果の関係，野球関連グッズがテレビで映ることの商業的意味合いを学ばせるといった事例なども，紹介されている．

◆「民放連メディアリテラシー・プロジェクト」：2001年度から2年間，民放連は，東京大学大学院情報学環メルプロジェクト[5]に研究委託して，民放地方局，地域の子どもたち，学校，社会教育施設，自治体，NPOなどと連携をとりながら，実践的なメディア・リテラシーのパイロット研究を4地域で展開した．放送局と子どもたちが，一緒になって番組制作を進める中で，双方がメディ

ア・リテラシーを学んでいくというしくみになっており，長野，愛知，宮城，福岡の 4 地域で，異なる特色をもつ実践が繰り広げられた（表 II - 2）．

長年カナダでメディア・リテラシー活動のリーダーを務めたメンバーにも高く評価された試みだが，こうした取り組みが，放送局と地元の学校や地域コミュニティーとの関係を育てながら発展し，各地に広がっていくことが期待されている．

◆静岡県メディア・リテラシー教育研究委員会：一部の教師だけでなく，学校教育全体としての取り組みとしては，静岡県の例が注目されよう．教育委員会が「公立学校におけるメディア・リテラシー教育の実施率 100 ％」を宣言した静岡県では，2002 年度から 2 年間，県内 12 の小・中・高等学校で，メディア・リテラシー教育の実践研究を行っている．学校でのメディア・リテラシー実践は，ともするとコンピューター中心の情報教育になりがちだが，このプロジェクトでは，多様なメディアに目を向け，授業のあらゆる機会をとらえた実践の可能性を試みている．

◆メディア・リテラシー学習向け教材としてのテレビ番組：メディア・リテラシーの取り組みにあたっては，カリキュラムや教材が十分整っていないことが，大きな課題である．放送機関は，1990 年代にはメディア・リテラシーに関する番組を放送していたが，NHK では，2000 年度以降，学習を進める際の一助として，学校向けの番組を放送している．小学校中学年向けの『しらべてまとめて伝えよう～メディア入門～』（15 分×18 番組）や高学年向けの『体験！メディアの ABC』（15 分×20 番組）については，番組ウェブサイトで，授業案や授業実践の実例，ワークシートなども提供されている．また，メディア・リテラシーそのものに対する理解を深めるための情報などにもアクセスできるようになっている．

今後の課題：文化としてのメディアを育てる意義　徐々に開発が進められているカリキュラムや教材の効果検証も始まっている．学習成果の評価については，メディア・リテラシー教育の先進国においても今なお大きな課題である．

表II-2　民放連メディアリテラシー・プロジェクト（2002年度）4地域の取り組みの特徴

	長野	愛知	福岡	宮城
実施局	テレビ信州（2001年度も参加）	東海テレビ（2001年度も参加）	RKB毎日放送	東日本放送
参加した子どもたち	県教委公募で選出された県内の公立・私立中学校，高校計10校	私立中学校の1年生	地元NPOメディアリテラシーグループの研究活動の一環としてできた小中高校生のグループ	宮城県内の町内ボランティアサークルの中高校生
活動の特徴	放送局メンバーによる出前授業あり．各校がテーマを設定して3分の紹介番組を制作．地域社会と放送局の結びつきの再構築としての位置付け．	放送局メンバーによる出前授業あり．「総合的な学習の時間」9回（各100分）の授業を用いた活動で，授業のモデルケースにもなっている．	台北の小学校の子どもたちとの番組交換という国際交流の要素が加わる．お互いの町を紹介するビデオを制作．	町の紹介ビデオの制作．このビデオをインサートして，町からの生中継にも参加．
放送内容	2002年6月から2003年3月にかけて，各校の番組を10分のニュース枠『ニュースプラス1信州』内で放送．放送局制作の子どもの活動を取材した番組も放送．	夕方のニュースおよび自社批判番組枠で，生徒の作品『お弁当は愛だ』を放送．	夕方の生活情報番組『夕方どんどん』で両国の番組と子どもが実践に取り組む様子を紹介．	『夕方ワイドあなたにCue』のなかで放送．

注）いずれのプロジェクトにも，メルプロジェクトのメンバーが参加
出所）『2002年度民放連メディアリテラシー・プロジェクト研究報告書』2003年等をもとに作成

メディア・リテラシーそのものが，数学や科学といった教科とは異なり，「メディア社会を生きる力」という抽象度の高い，しかも短期間で測定しきれない評価内容ということもあろう．メディア・リテラシーに取り組む場は学校に限定されるものでなく，家庭でも地域コミュニティーでも，あらゆる機会をとら

えて行うことにこそ意味のある内容といえよう．取り組みの成果は，個々人の評価というよりも，社会総体として評価されるべきものかもしれない．現在さまざまなメンバーが相互にかかわりながら行っているメディア・リテラシーの取り組みが，最終的に，テレビやゲームをはじめとするメディアの質を高いものにしていくことにつながり，誰もが不快感をいだくことなくインターネットを介したコミュニケーションを活用できる，といった形で成果が表れることが，メディアとのかかわりの上手な，過ごしやすいメディア社会としての評価といえよう．

(小平　さち子)

注)
1) 『静岡調査』と呼ばれる NHK 調査は，同時期に行われたアメリカ，イギリス，ドイツの各調査と並ぶ「子どもとテレビ」世界4大調査のひとつとして知られている．
2) テレビの影響として，①②の2つとは異なる次元のものとして，1997年12月の「ポケモン」問題でクローズアップされた「映像手法による生体人体への影響」の存在も認識しておくべきであろう．
3) 1998年に発表された研究内容の概要については，小平さち子「『子どもとメディア』研究の動向：新たな研究の方向をさぐるために」『マス・コミュニケーション研究』（日本マス・コミュニケーション学会紀要）No.54，三嶺書房　1999年，(p.8およびp.19)で紹介している．
4) 1990年代後半の青少年と放送に関する一連の議論を受けて，子どもにとっての放送環境を好ましいものとしていくために，視聴者と放送機関を結ぶ回路の役割を担う目的で，NHKと民放連が2000年4月に発足させた放送機関の自主機関．2003年現在，放送倫理・番組向上機構（BPO）内に設置されている委員会のひとつである．
5) メルプロジェクトは，2000年4月，メディア表現や，学びとリテラシーの問題について実践的な研究を行うために作られたプロジェクトで，メディア制作，ジャーナリズム，教育実践，メディア研究，教育研究など，専門や領域の異なるメンバーたちが，組織としての活動を限定せず「ゆるやかなネットワーク型の研究プロジェクト」としての活動を展開している．

参考文献

NHK放送文化研究所編『テレビ視聴の50年』日本放送出版協会　2003年

カナダ・オンタリオ州教育省編・FCT訳『メディア・リテラシー：マスメディアを読み解く』リベルタ出版　1992年

小平さち子「映像描写をめぐる海外の調査研究最新動向："子どもとテレビ"を中心に」『放送研究と調査』日本放送出版協会　1998年8月号

小平さち子「米・同時多発テロ：その時メディアは子どもにどう対応したか」『放送研究と調査』日本放送出版協会　2001年12月号

小平さち子「『子どもに及ぼすテレビの影響』をめぐる各国の動向：新たな議論と研究の展開に向けて」『NHK放送文化調査研究年報』45集　日本放送出版協会　2000年

小平さち子「子どもとテレビ研究の50年・その軌跡と考察：今後の研究と議論の展開のために」『NHK放送文化研究所年報』47集　日本放送出版協会　2003年

国立教育政策研究所編『メディア・リテラシーへの招待：生涯学習社会を生きる力』東洋館出版社　2004年

坂元章編『メディアと人間の発達：テレビ，テレビゲーム，インターネット，そしてロボットの心理的影響』学文社　2003年

佐々木輝美『メディアと暴力』勁草書房　1996年

菅谷明子『メディア・リテラシー：世界の現場から』岩波書店　2000年

鈴木みどり編『メディア・リテラシーの現在と未来』世界思想社　2001年

東京大学情報学環メルプロジェクト編『メルの環：メディア表現，学びとリテラシー』トランスアート社　2003年

東京都生活文化局『青少年をとりまくメディア環境調査報告書』2002年3月

中野佐知子「多様化する幼児のメディア利用：幼児生活時間調査2003・報告」『放送研究と調査』日本放送出版協会　2003年8月号

日本民間放送連盟・東京大学大学院情報学環メルプロジェクト編『2002年度民放連メディアリテラシー・プロジェクト報告書』2003年3月（http://www.nab.or.jp に掲載）

福井県教育工学研究会『学校で拓くメディアリテラシー』日本文教出版　2002年

『放送分野における青少年とメディア・リテラシーに関する調査研究会報告書』2000年6月（http://www.soumu.go.jp に掲載）

水越伸『新版　デジタル・メディア社会』岩波書店　2002年

村野井均『子どもの発達とテレビ』かもがわ出版　2002年

メディアリテラシー研究会『メディアリテラシー：メディアと市民をつなぐ回路』

日本放送労働組合　1997年
吉見俊哉・水越伸『メディア論』放送大学教育振興会　2001年

III 災害報道

§1　2つの課題——報道と防災

災害報道への期待　表III-1は，ビデオリサーチ社が視聴率調査を始めた1962年から41年間の，関東地区での総世帯視聴率上位15日の一覧である．第5位の1996年9月22日は，台風17号が関東地方に豪雨をもたらし各地で浸水などの被害が出た日で，各局はニュースや特番で台風情報を伝えた．以下15日のうち10日は災害関連のニュースが大きく報じられた日である．

　2003年8月，四国に上陸した台風10号は日本列島を縦断，北海道では死者・行方不明11人などの大きな被害を出した．台風が関東地方に接近した9日正午の「NHKニュース」の視聴率は24.8％，朝の「おはよう日本」が23.4％など，この週の視聴率上位10本の番組のうち，台風を伝えたNHKニュースが4本も入っている（ビデオリサーチ・関東地区）．

　内閣府の「防災と情報に関する世論調査」(1999年)によれば，水害や土砂災害が発生する危険性があるときの情報伝達の方法として，「テレビ」を上げたものが65.5％で最も多く，以下「広報車」(57.8％)「消防職員・水防団員」

表Ⅲ-1　災害放送への期待

HUT（総世帯視聴率）・全日（関東地区/1962.2〜・ビデオリサーチ）

順位	年月日	視聴率%	その日の主な出来事
1	1972. 2 .28	62.8	連合赤軍浅間山荘事件
1	1989. 2 .24	62.8	昭和天皇大喪の礼
3	1993. 6 . 9	62.0	皇太子・雅子さん　結婚の儀
4	1964.10.18	61.9	東京オリンピック
5	1996. 9 .22	61.6	台風17号接近　関東に豪雨　各地で被害
6	1983. 8 .17	61.0	台風5号渥美半島に上陸　19都道府県に被害
7	1993. 8 .27	60.9	台風11号九十九里浜に上陸　首都圏で交通マヒ
7	1995. 9 .17	60.9	戦後最大の超大型台風12号接近
9	1998. 1 .15	59.5	首都圏に大雪
10	1982. 9 .12	59.0	台風18号関東を通過
11	1998. 2 .15	58.4	長野オリンピック
12	1965. 8 .22	58.3	台風17号接近で関東・東海に豪雨
13	1996. 2 .18	58.0	首都圏に大雪
14	1995. 1 .22	57.7	阪神大震災後最初の休日
14	2001. 9 .11	57.7	台風15号首都圏上陸/アメリカ同時多発テロ

（46.9％）「ラジオ」（43.6％）の順であった．

　災害時の情報伝達メディアとして，放送が大きな役割を果たすことを示すデータである．

　災害対策はハードとソフトに大別できる．ハードの対策とは，大地震でも壊れないように建物や施設の耐震性を強めたり，水害に備えてダムの建設や河川の改修を進めたりすることである．他方ソフトの対策とは，家具の転倒防止や非常持ち出し品の用意など災害に関する知識や情報に基づいて被害を少なくする工夫をしたり，地域・職域で防災組織をつくって訓練をしたりすることであ

る．ハードの対策は，技術や経費に限りがあって万全を期すことは不可能だ．それを補完するのがソフトの対策だ．情報の収集と伝達，受容のシステムを整備し，事前の防災対策を講じ，災害発生後の避難や救援・救護の態勢を充実することで，災害の被害を相当程度軽減できる．災害対策のソフト面の充実が，阪神大震災（1995年）を契機に重視されるようになった．

　放送メディアは，速報性（同時性），広範性，明解性，訴求性などの特性をもつ．それは緊急災害時の情報伝達に適うものだ．津波警報をはじめ人命に関わる災害情報の伝達は一刻を争う．緊急を要する情報を迅速かつ広範囲に伝えられるのは放送のメディアだ．テレビは映像と音声を使って災害の実態を分かりやすく伝え，人びとの理解や共感を求めることができる．

　図III－1はその関係を示したものだ．放送はそのメディア特性を生かして，災害時に2つの機能を果たすことが期待されている．ひとつは災害や被害に関する情報を伝える「報道機能」であり，もうひとつは行動指示や安否，ライフライン，生活情報など被災者に直接役立つ情報を放送することによって「防災機能」を果たすことだ．災害対策基本法や大規模地震対策特別措置法がNHKを指定公共機関，民放を指定地方公共機関に指定して防災計画の整備を義務付

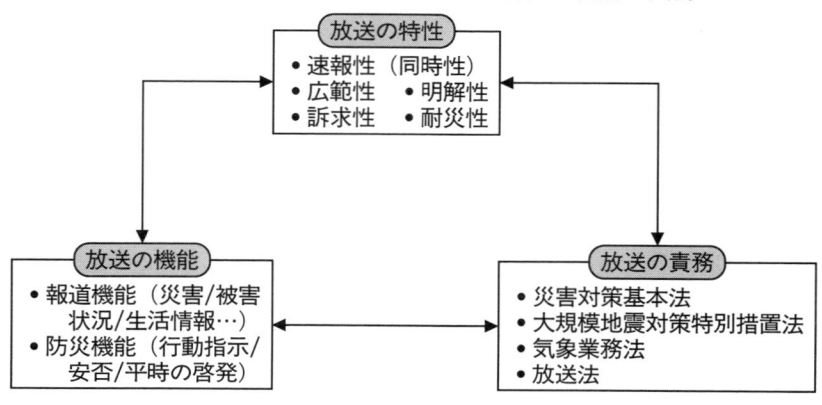

図III－1　災害報道にみる放送の特性・機能・責務

放送の特性
- 速報性（同時性）
- 広範性　・明解性
- 訴求性　・耐災性

放送の機能
- 報道機能（災害/被害状況/生活情報…）
- 防災機能（行動指示/安否/平時の啓発）

放送の責務
- 災害対策基本法
- 大規模地震対策特別措置法
- 気象業務法
- 放送法

けたり，放送法が「……災害が発生し，または発生する恐れがある場合には，その発生を予防し，またはその被害を軽減するために役立つ放送をするようにしなければならない」（6条の2）と規定したりしているのは，災害時のメディアとして放送がすぐれた機能を発揮することによるものだ．

<u>災害を伝えた放送</u>　1925（大正14）年3月，日本でラジオの放送が始まった．翌年の5月，逓信相安達謙蔵が「放送事業とその将来」と題する講演放送を行った．安達はイギリスのゼネストでラジオが混乱の収拾に役立ったことを紹介して，「もし関東大震災の際にラジオがあったら，災害の実態が速やかに報道され，生活物資の配給は円滑に進み，国民の動揺は非常に軽減されたことであろう」と語った．東京と横浜を壊滅させ10万人以上が犠牲になった関東大震災（1923年）は，唯一のマスメディアであった新聞が発行不能となり正確な情報が伝えられない中，流言飛語が広がって人びとの不安を煽り混乱を大きくした．そのときラジオがあったら，正確な情報が迅速に伝えられて混乱を抑えることが出来たであろうと，安達は緊急時に放送が果たす機能と役割を強調したのである．

　放送がはじめて遭遇した大災害は，近畿地方を直撃し大阪府を中心に死者・行方不明者3,066人，建物の全壊・流失4万棟の被害を出した室戸台風（1934年）である．このときは大阪中央放送局への送電が停まったため，「猛烈な台風は紀淡海峡に来り，今まさに大阪湾を襲わんとする」という測候所からの緊急情報を伝えることが出来なかった．この苦い経験から，日本放送協会は全国の放送局に非常用発電装置を整備した．

　鳥取地震（1943年），東南海地震（1944年），三河地震（1945年）と1,000人以上の死者を出す大地震が続いたが，放送も新聞も詳しい報道はまったく出来なかった．災害の惨状を伝えて国民の戦意が失われることを恐れた政府が厳しい報道統制を行ったためである．

　死者3,769人を出した福井地震（1948年）で，NHK福井放送局は放送機器が損壊，非常用発電機も動かず放送が停まった．しかし，福井市郊外の電話中

継所に仮スタジオを置き電話線を使って名古屋放送局経由で，被害の実情を伝え救援を求める放送を行った．県内の被災地に向けては，スピーカーを取り付けたトラックにアナウンサーが乗り込み，県や市からのお知らせや救援物資の到着などの情報を伝えて回った．放送は停波していても何とか情報を伝えよう——報道機関としての責務を果たしたのである．

　長い間，災害報道とは被災地を取材して被害の様子を伝える——「被害報道」であった．それが被害の発生を防ぎ軽減を図る——「防災報道」にも力を入れるようになるのは，1959年の伊勢湾台風からである．このときNHKははじめて気象庁にテレビカメラを入れ予報官が画面に出て解説した．名古屋ではNHKと中部日本放送（CBC）が毎時間，気象台から中継で台風の強さや予想進路を伝え，早めの帰宅や停電に備えて懐中電灯やろうそくの用意，水の汲み置きなどを繰り返し呼びかけた．

　それにもかかわらず，高潮の襲来で愛知・三重の両県を中心に5,098人もの犠牲者を出す大災害となった．放送は高潮警報を伝え厳重な警戒を呼びかけたのだが，広い範囲で停電したために人びとは肝心の情報を聞くことが出来なかった．海抜0メートル地帯に大勢の人が住んでいながらその危険が認識されていなかったこと，行政の対応も後手に回ったことが被害を大きくした．

　伊勢湾台風の教訓が生かされたのが，1961年の第2室戸台風である．大阪湾で4メートルを超す高潮が発生，全国で死者・行方不明202人，家屋の被害98万棟に上ったが，大阪では高潮による死者は皆無であった．大阪のNHKと民放は前日から「この台風は昭和9年の室戸台風と似たコースを取り，近畿地方では高潮などの災害が予想される」と繰り返し警戒を呼びかけた．大阪湾沿岸には早めに避難命令が出された．府知事はテレビ・ラジオで台風への備えと避難を呼びかけた．NHK大阪では，東京からの全国向け番組を中断し近畿地方向けに台風情報を伝える特番を編成した．放送をとおしての事前の情報伝達で警戒や避難が徹底し，被害を少なくすることが出来たのである．

　災害報道の展開　放送といってもテレビとラジオでは，その機能と役割が

違う．災害時にあっては，それぞれのメディア特性を生かして役割を分担することが望まれる．テレビの映像が持つ迫真性や訴求性は，被災地の状況を外部に伝え救援や救護を求める上で効果的だ．"外向け"メディアである．一方，どこにでも持ち運びが出来，停電時でも詳しい情報を伝えうるラジオは"内向け"――被災地に向けて行動指示情報や安否情報，生活情報などを伝える格好のメディアである．

こうしたテレビとラジオの役割分担がはじめて行われたのは，新潟地震（1964年）である．津波や液状化現象，石油タンクの火災，橋や建物の倒壊など地震災害のあらゆる現象が起き，新潟県内の広い範囲が停電した．このときNHKと民放の新潟放送は，県内向けにラジオを，県外に向けてはテレビを使うというメディアの棲み分けを試みた．1955年に日本でトランジスタラジオが発売されると，電池で聞ける携帯ラジオは急速に普及し，その当時新潟県内には32万台のトランジスタラジオがあった．被災地の人びとはトランジスタラジオをとおしてさまざまな情報を知った．中でも反響が大きかったのは安否情報放送であった．

災害で交通・通信が途絶したときに人びとが一番知りたいことは，家族や親戚，知人が無事でいるかどうか安否に関する情報だ．福島県から新潟に修学旅行に来ていた小学生の無事を伝える放送がNHKラジオで流れたのが契機になった．「私が無事でいることを家族に知らせて欲しい」という申し込みが殺到し，放送局の前には長蛇の列が出来た．地震から1週間の間にNHKと新潟放送のラジオが放送した安否情報は8,000件を数えた．

新潟地震は，災害時のラジオの機能に新しいページを開いた．それがさらに徹底し，ラジオの有用性を強く印象付けたのが宮城県沖地震（1978年）であった．

災害の直後にはなかなか情報が入ってこない．被害状況もつかめない．そこでNHK仙台放送局では，取材やロケから戻ってきた記者やディレクター，アナウンサーがスタジオに駆け込み，見聞きしてきた街の様子を報告した．聴

取者にも情報の提供をよびかけたところ，すぐに反応があった．「エレベーターは電気が回復しても点検が終わるまで使用しないで」「ただいまタクシーは走っていません．停電でスタンドのモーターが回らず給油できないからです」など業界団体や企業からのお知らせや注意が寄せられた．「家の前の道路に亀裂が入っています」「食事のできる店をお知らせします」「ドアのこわれた家は無料でカギを修理します」など多様な情報が寄せられ，放送された．

一つひとつは"点"の情報だが，それがたくさん集まれば"面"——仙台市内の状況が見えてくる．東京都が派遣した現地調査団は，パニックなどの混乱が起きなかった原因のひとつにラジオの放送を挙げ，「発生時から地震に関する情報を続けた．その具体性，直接性，即応性において外出時の市民に基本的安心感を与え，被害の激しい地域にいる市民にとっても全体の状況把握に大いに役立った」と報告した．

§2　災害報道の実施

災害の経過と情報　台風や大雨，大雪などの気象災害は観測データに基づいて被害を予測し，事前に対策を講じることはできる．だが，うまくすれば予知が期待できる東海地震を別にすれば，地震災害は突然襲ってくる．災害の起き方はさまざまだ．いったん災害が起きた後も，規模が大きければ復旧・復興までには長い時間を要する．災害の長期化である．時間の経過とともに災害の様相は変わり，被災者が知りたい情報の種類や内容も変わっていく．表Ⅲ－2は大地震を例に，災害の経過と情報ニーズの変化を示したものである．

突然の激しい揺れで家具類が転倒し負傷者が続出，建物の倒壊や施設の損壊が続き，火災が発生して延焼を始める．電気・水道・ガス・電話などのライフラインも停止する．「発災期」である．恐怖に震え，極度の緊張と不安にとらわれた人びとがそのとき一番知りたいのは，「何が起きたのか」「どうすればいいのか」ということであろう．「地震情報」であり「行動指示情報」である．「大きな地震がありました．火の始末をしてください．海岸近くの人は津波に

表Ⅲ-2　災害の時間経過と求められる情報

	発災期	被害拡大期	救出・救援期	復旧期	復興期	平常時
時間経過	発生時	数時間〜1日	2日〜3日	1週間〜1か月	1か月〜	
被災者の状況	恐怖，緊張，不安……	脱出，消火，安否の気遣い，状況の把握	危険からの解放，避難，安否の気遣い，状況の把握	再避難＝疎開，避難所生活の長期化，損壊した自宅の修理，仕事の再開	仮設住宅での生活，住宅・事業所の再建，災害復興事業の進行	
情報ニーズ	置かれた状況，災害の規模，危険の有無，被害の概況	被害の広がり，他地域の状況，防災活動の様子	救出・救援活動の様子，水・食料の供給，ライフラインの被害・復旧見通し	ライフラインの復旧，住宅・仕事・健康・教育・医療などの再開・復旧状況	居住地の復興計画，地域経済・社会の再生の方向	災害全般の知識，居住地の被害想定，防災の知識・備え
情報のジャンル		■地震情報（規模・震源・余震の見通し・特徴・発生のメカニズム……） ■行動指示情報（「火を消す」「落ち着け」の呼び掛け，電気・ガスなどの取り扱い，子供の保護，応急手当）（デマへの注意……） ■被害情報（死傷者の発生・火災・建造物・構造物の損壊状況……） ■安否情報（家族，知人の安否） ■救出・救援情報（避難状況・消火・救出活動・救援物資）		（被害拡大の原因・背景・都市の構造や生活……） ■ライフライン情報（電気・ガス・水道・電話・交通機関・道路などの被害状況・復旧作業・見通し……） ■生活情報（医療・物流・教育・入浴・ランドリー・役所からのお知らせ……） ■復興情報（国，県，市町村の復興計画・地域の防災計画・計画に対する住民の意向……）		■啓発情報（災害の危険・防災の心構え・準備）

警戒してください。」テレビやラジオから流れる呼びかけは，的確な行動を指示して動転した人びとを落ち着かせることができる．

続いて被害が拡大していく時期には，人びとは被害の詳しい状況を知りたいし，救出・救援活動についての情報も欲しい．家族・知人などの安否を確かめたい．ライフラインの被害や復旧の見通し，医療や教育，福祉などについての詳しい情報へのニーズも高まる．

災害の経過にあわせて人びとが必要とする情報を，正確にわかりやすく伝えていく——"適時・適切・的確・丁寧"な情報の伝達——ことが災害対策の重要な柱であり，そこで放送メディアが果たす役割は大きい．

1995年1月17日に起きた阪神大震災は，死者6,433人，負傷者4万3,793人，被害を受けた建物は51万棟に上り，被害総額は10兆円に達した．放送70年の歴史ではじめて遭遇した大災害である．放送は全力を挙げて災害報道に取り組んだ．NHKが地震から1カ月間に総合テレビで放送した震災関連番組は，全国放送で273時間，近畿ブロックに限ると354時間になった．このほか教育テレビや衛星放送，ラジオ第1，FMなどNHKが持っている7つの放送波のうち6波までを使って空前の規模の災害放送を行った．民放も特別編成で震災を伝えた．地元神戸のサンテレビは，地震発生からの1週間に111時間の特別番組を編成，そのうちの95％まではCMを外して災害報道を続けた．

1995年2月，当時NHK放送文化研究所にいた筆者は，避難所の被災者500人にアンケート調査をお願いした．阪神大震災では，被災地での混乱がほとんど見られず秩序が保たれた．その理由について聞いたところ，「助け合いの気持ちが自然発生的に生まれたから」（76％）に次いで「全国各地から救援の手が差し伸べられていることが分かったから」と「テレビやラジオ，新聞が正確な情報を伝えてくれたから」がともに39％を占め，マスメディアの果たした役割が評価された．また，震災に関する情報を知る上で大変役に立った媒体を尋ねた．「テレビ」（46％——NHK 31％・民放15％）「新聞」（34％）「ラジオ」（14％）の順であった．放送メディアが大きな役割を果たしたことを裏付

ける数字である．阪神大震災で放送は，図III－3に示した必要な情報を必要なときに，的確かつ丁寧に伝えたことで被災者から高い評価を得たのである．

被害状況の把握　大きな災害になればなるほど，なかなか被害の状況がつかめない．被災地への通信が途絶しアクセスが難しい．警察や消防など防災機関や行政も被災者の救出・救護に手一杯で，被害状況の把握に手間取るためだ．周辺部の状況はわかっても被害のひどい中心部についての情報が入ってこない．被害情報の"ドーナツ化現象"と呼ぶ．阪神大震災では，それが顕著に見られた．

地震発生から1時間14分が経過した1月17日午前7時のNHKニュース『おはよう日本』が冒頭に伝えたのは「神戸で震度6．兵庫県警に入った連絡では淡路島北淡町などで住宅十数棟が倒壊して人が生き埋めになっている模様」で，神戸市の様子はまだつかめていない．緊迫を欠いた初期報道という批判を受けたゆえんである．

神戸の民放ラジオ局AM神戸では地震発生直後，簡易中継器を持った記者が街に飛び出した．倒壊した住宅や迫る火勢の様子を，記者は町・丁目・番地を挙げて克明に伝えた．同時に放送をとおして，社員に被害状況を電話で報告してくるように呼びかけた．総務の女性社員は液状化で泥沼と変わった街を歩いて県警にたどりつき，情報を送ってきた．

NHKでは6時44分，神戸市の実家に帰省していたアナウンサーが，高台にある自宅から見た神戸の光景をリポートした．「火の手がおよそ7カ所，大阪方面の方向に4カ所ぐらい，神戸の三宮から東側のところに3カ所ぐらい……炎が赤々と燃え煙が黒々と上がっています」．神戸で容易ならぬ事態が起きていることを伝えた第1報である．

放送のメディア特性の最たるものは速報性である．被害情報をいち早く伝えることは災害報道の基本である．被災地上空にヘリを飛ばして全体を俯瞰する"鳥の目"と，AM神戸が行ったように町・丁目・番地ごとに被害状況を伝える"虫の目"を組み合わせることが効果的だ．宮城県沖地震でNHKが試み

た"点"の情報を集めて"面"を知ろうとする試みも大切だ．「神戸に電話してもつながらない」「被災地に向かっている取材陣がまだ到着しない」など，取材のプロセスを知らせることも，放送メディアならこその工夫といえよう．

安心報道の必要　「絵になるところ」を探す——迫力のある場面を撮影して放送するのは，テレビ報道の宿命である．だからといって，被害の惨状を強調する映像ばかりを繰り返し放送すれば，被災地外の人びとは「よほどひどいことになっている」と思い，ますます不安を募らせることになる．

1968年の十勝沖地震では青森県に被害が集中した．このとき震度5の函館市では，鉄筋4階建ての函館大学の校舎の1階部分が崩壊した．「絵になる」情景であり，新聞もテレビもつぶれた校舎の映像を大きく報道した．遠隔地に住む人びとは「鉄筋建築がこんなに壊れたのだから函館はひどいことになっているのではないか」と受け取った．

阪神大震災でも，テレビ各局は高速道路の高架橋が600メートルにわたって倒壊した神戸市東灘区の現場や，3,000人もの被災者が避難した西宮市の体育館からの中継を繰り返した．テレビ報道特有の"局部拡大症候群"である．だが，それはいたずらに人びとの心配を煽る報道になりかねない．

阪神大震災は被害が広範囲にわたったため，被災地の詳しい状況を洩れなく伝えることが出来なかった．だが，一般の災害報道では被害のあった地域と無事だった地域を区別してきちんと伝えることが望ましい．安心できる情報を伝える"安心報道"は，災害報道の大事な役目なのである．

安否情報の放送も"安心報道"のひとつである．安否情報放送は前述のように新潟地震で本格的に始まった後，北海道南西沖地震，鹿児島大水害（ともに1993年）などでも行われたが，阪神大震災では空前の規模での放送となった．

地震当日，被災者の安否を気遣う電話が被災地に集中，通話量は平常の50倍に達して，ほとんど電話のつながらない状態が続いた．このためNHKには，安否情報放送をして欲しいという要望が殺到し，その数は5万4,612件にのぼった．教育テレビで136時間，FM放送で158時間にもおよぶ放送が行わ

れたが，放送できたのは申し込みの60％たらず3万1,896件にとどまった．それでも被災者の評価は高かった．被災者アンケートによれば，安否情報放送を実際に見たり聞いたりした人と，視聴はしなかったが放送を知っていた人を合わせると74％．このうち「放送で自分のことが取り上げられていた」と答えた人は10％，これをピーク時に1,000カ所以上の避難所にいた30万人に当てはめると，放送で自分の安否が心配されていることを知った人の数は2万人になる．

　大都市で災害が発生すると外出先から帰宅できない人は膨大な数に上る．東京で平日の昼間，大地震が発生して交通が止まると通勤・通学者や買い物・観光客ら371万人が帰宅困難になる．携帯電話は輻輳してまずつながらない．比較的かかりやすい公衆電話はどんどん数が減っている．阪神大震災の後，安否確認への強い要望に応えるためNTTは「災害時伝言ダイヤル171」を実用化したが，肝心の171への申し込みが出来ないという事態だって考えられる．

　安否情報放送の必要性は依然大きい．NHKでは放送依頼をパソコンで受け付けてデータの入力と整理を行い，教育テレビとFM放送で放送することを決めている．ニッポン放送ラジオは学校やビル単位の「無事情報」を流すことにしている．「安心報道」との取り組みには，もっと力を入れていい．

　災害報道の光と影　阪神大震災の放送では，とくにラジオがきめ細かい生活情報を流して災害報道の新しいモデルを作るとともに，被災者や防災関係者から高く評価された．

　AM神戸では，リスナーからのリクエストに当てていた7本の電話をフルに生かして被災者からの情報を集めた．「お年寄りが家の下敷きになっている．助けてあげて」「水が欲しい」「透析のできる病院を教えて」「開いているコンビには」など切実な声が寄せられ，放送された．直ちに，水を汲める場所や透析をしている病院を教える電話がかかってくる．それがまた電波に乗る．地震から1週間，AM神戸にかかった電話は3万件にのぼった．ラジオは被災者どうしの情報交換の広場として機能した．

NHKラジオ第1放送は，神戸市役所の災害対策本部の一角に臨時スタジオを置いて「生活情報放送センター」を始めた．ライフラインや交通機関，道路の被害と復旧状況，避難所の案内，透析や出産を受け入れる病院情報，営業しているガソリンスタンドやスーパーマーケット，銭湯やコインランドリーの案内，ごみ出し情報や公衆トイレの場所，入試日程の変更や受験生に宿舎を提供しようという申し出など，実に多種多彩な情報がラジオから流れた．ほぼ2カ月間延べ220時間に達した放送は全国中継で行われた．放送の中身は被災地の細部にわたる個別の生活情報であったが，それを全国に放送したのは災害の規模と被災者の苦しみを国民に広く知ってもらおうという意図によるものであった．義捐金や救援物資，ボランティアなど支援の輪の広がりに，放送は寄与したのであった．

　阪神大震災では放送各社が全力を挙げて取り組んだ結果，大きな成果を上げ高い評価を得た．災害報道の"光"の部分である．反面"影"も目に付いた．被災地での逸脱した取材や過熱した報道に厳しい批判が集まったのである．

　ひとたび災害が起きれば，大勢の報道陣が被災地に入って"集中豪雨"的な取材と報道を繰り広げる．その際，節度を欠いて逸脱した取材や誇大でセンセーショナルな報道をして批判を受けることがしばしばあった．長野県西部地震（1984年）や伊豆大島三原山の噴火（1986年），伊豆半島東方沖の群発地震と伊東市沖の海底噴火（1989年）では，被災者に対する強引な取材や避難して留守にした家への無断侵入，クルマの無断使用などが問題となり，避難所の入り口に「マスコミお断り」の張り紙が出される始末だった．

　雲仙普賢岳の火山災害（1991-96年）では，報道各社が地元のタクシーを競ってチャーターした結果，市民の病院通いの足が奪われた．報道車両が狭い道路をふさいで土石流災害の復旧作業を妨げた．避難後の空家から無人カメラ用の電源を引き出して警察の事情聴取を受けた民放局もあった．「避難する途中を呼び止められてしつこくインタビューされた」「家族を失い家を焼かれて悲しみに打ちひしがれているときに，「今のお気持ちは」などと無神経な質問をさ

れた」——筆者が現地で行ったアンケート調査への回答の一部である．

　阪神大震災では，過剰取材と過熱報道が厳しい批判を受けた．NHK の被災者アンケートでは，53％の人が「テレビ局から取材されたことがある」「取材ぶりをそばで見たことがある」と答えた．そのうち 4 分の 3 の人は「被災者の立場を考え，節度を守って礼儀正しく取材していた」と答えたが，「言葉遣いやインタビューの仕方が乱暴で失礼だ」「嫌がるのに強引に取材していた」がそれぞれ 7％ずつあった．

　放送局側も逸脱した取材を放置していたわけではない．取材上の注意事項をまとめた小冊子をスタッフに配ったり，早朝・深夜の避難所取材を控え，インタビューの無理強いをしないなどを指示したりした局はあった．しかし，テレビの取材クルーは数人がともに行動して目立ちがちなこともあって，とりわけテレビの取材と報道には厳しい批判が集まった．

　民放連・報道委員会が地震後，在京キー局の報道責任者にアンケート調査をした．以下は回答の一部である．「取材に当って"被災者側の視点"を十分に反映した取り組みが出来たか．初期の段階で火災現場や三宮のビル被害などに偏りすぎ全体像を伝えられなかったのではないか」「被災者の気持ち・立場に立った取材・報道をと心掛けたが，結果的に悲惨さや悲しみを強調しすぎたり，被災者の気持ちを逆なでするインタビューをしたりという場面もあった」「報道内容が現象面にこだわりすぎ，被災者のための安全・生活情報が的確に流せたかどうか．取材上，被災者にとって妨げとなる迷惑報道がなかったかどうか（ヘリ，リポーター，カメラマン）数々の反省がある」

§3　災害報道のこれから

　巨大災害に備える　駿河湾を震源にマグニチュード 8 の巨大地震が起きて静岡県や愛知県を中心に大きな被害をもたらす——東海地震だ．建物の倒壊や津波などによる死者は 1 万 100 人，建物の全壊 46 万棟，経済的な被害 37 兆円と想定される巨大地震である．震度 6 弱以上の強い揺れや津波の襲来が予想さ

れる防災対策強化地域は1都7県の263市町村に上る．

　東海地方では1978年以来，たくさんの観測機器を置いて地殻の変動などを観測してきている．地震の前兆現象を捉えたときには専門家による判定会が開かれ，地震を予知できれば警戒宣言が出される．しかし，予知に失敗して突然大地震が起きる事態も考えられる．そこで政府は25年ぶりに東海地震対策を見直し，2004年から地震情報の出し方と防災対応が変わった．

　東海地域でデータの異常が見つかれば気象庁はまず「観測情報」を発表する．異常が地震の前兆である可能性が高まったときには，"黄色信号"に相当する「注意情報」を出す．この段階で防災対策強化地域では児童生徒を帰宅させ，救助・医療・消火・物資輸送などの広域応援の準備が始まる．地震発生の確率が高まると，"赤信号"である「予知情報」が出され，首相が「警戒宣言」を発令する．防災対策が全面的に動き出して，津波やがけ崩れの危険のある地域では避難を開始，鉄道も震度6弱以上の揺れが予想される地域では運行停止，道路の通行も制限される．

　これらは日本の社会が経験したことのない種類の災害情報であり，防災態勢だ．この場合，情報の伝達を一義的に担うのは放送である．伝え方を誤れば，人びとの不安を増幅し混乱を拡大することになり兼ねない．放送の責任は重大だ．すでに放送各社は東海地震対策を進め，観測情報が出された後の放送についてマニュアルを整備したり，シミュレーションと訓練を行ったりしている．

　発生が心配されるのは東海地震だけではない．紀伊半島沖を震源とする東南海地震と四国沖が震源の南海地震が相次いで発生するのではないかと専門家は見ている．いずれもマグニチュード8クラスの巨大地震だ．3つの地震は100〜150年の間隔で発生し，前回は東南海が1944年，南海は1946年に起きて大きな被害をもたらした．東海地震だけは1854年の発生が最後ですでに150年が経過した．「いつ起きても不思議ではない」といわれるのは，そのためである．今後30年以内に起きる確率は東南海が50％，南海が40％と予測されている．

3つの地震が同時に起きた場合の被害想定によれば，死者2万8,300人，全壊建物96万棟，経済被害81兆円．想像を絶する被害だ．とくに東南海と南海地震では中部〜近畿〜四国の海岸を最大12メートルの津波が襲う．津波災害は，いち早く警報を伝達して人びとが避難をすれば人命は救われることを過去の災害が教えている．3つの地震の想定死者の半数近く，1万2,700人は津波によるものだが，地震後いち早く避難すればその数は半減するという．警報の発令と避難の呼びかけは，防災行政無線や消防・警察・行政のルートでも行われるが，最も効果的なのは放送による呼びかけである．

日本では平均して9年に1度，50人以上の犠牲者を出す直下型地震が起きている．いつ，どこで起きるか予測不能の地震である．東京都の試算によれば，東京で直下型地震が起きた場合，52万棟が倒壊・焼失し，最悪で7,800人が死亡するという．地震ばかりではない．被害をもたらす台風や集中豪雨は毎年発生する．富士山が噴火した場合の溶岩流や火山灰の被害を想定した防災マップの作成も進んでいる．

人びとに災害の危険を知らせ，防災の心構えや準備を呼びかけることも，災害報道の重要な役割だ．図III-3の平常時における「啓発情報」の放送である．静岡県や愛知県の放送局は，さまざまな角度から東海地震を解説し防災の備えを呼びかける放送を日常的に実施している．防災の日の定番番組にとどまらず，普段からその地域で予想される災害について，人びとの関心を高める放送を続けていくことが必要であろう．

デジタル化と災害報道　2003年12月，東京・名古屋・大阪圏の一部で地上波テレビのデジタル放送が始まった．デジタル化は2006年には全国に広がり，2011年7月にはアナログ放送が終了してテレビは全面的にデジタル放送になる．

デジタル化は，テレビの災害報道を大きく変える可能性を持っている．デジタル化の最大の目玉はハイビジョン放送だが，ハイビジョンを標準テレビに切り替えると3つの違った番組を流すことができる．アナログでは1波のNHK

総合テレビが3つのチャンネルに増えるというわけだ．このマルチ編成を行うことによって，災害時には情報の多重発信が可能になる．たとえば総合テレビ第1チャンネルでは被災地外に向けての被害情報を流す．第2チャンネルは被災地向けの生活情報やライフライン情報を細かく伝える．第3チャンネルでは安否情報を放送するといった具合だ．

デジタル化のもうひとつの売り物はデータ放送だ．スポーツ中継では選手の個人データを，料理番組ではレシピを文字や画像で送り出し，視聴者はリモコンスイッチを操作してデータを画面に映し出して見ることができる．各放送局がそれぞれの地域情報を集めたデータ放送画面を作ることもできる．放送はすぐれたメディア特性を有するが，記録性を欠くことが大きな欠点であった．テレビやラジオが伝えた情報が誤って受け取られ，流言の元になったりしたことがある．情報が画面に表示され，必要に応じて確認ができればその心配はなくなる．データ放送はテレビに記録性を付与することで，災害報道に画期的な変化をもたらしそうだ．

デジタルテレビはカーテレビなど移動体でも鮮明な受信を可能にする．デジタルだからパソコンで受信することができるし，次世代の携帯電話ではテレビ放送を映し出すことも可能だ．電話が輻輳して正確な情報をえるのが難しい災害時に，クルマや携帯電話に正確な災害情報を迅速，確実に送り込むことで，いち早く避難をするなど人びとの防災活動がより適切なものになると期待できる．

デジタル化によって放送と通信を隔てていた垣根は一段と低くなる．放送局から発信する災害情報はテレビとラジオにとどまらず，さまざまな端末で受信され，活用されるようになる．より効果的に情報を伝えるために，内容や伝え方の工夫を含めて災害報道の見直しが必要になろう．その場合でも，災害報道の要諦は"4つのT"——適時・適切・的確・丁寧——であることに変わりはない．

（小田　貞夫）

参考文献

『災害報道と放送の公共性』（非売品）NHK 放送文化研究所　2003 年

NHK 放送文化研究所監修・小田貞夫『放送の 20 世紀』日本放送出版協会　2002 年

『NHK 20 世紀日本　大災害の記録』日本放送出版協会　2002 年

日本放送協会編『20 世紀放送史　上・下巻　年表　資料編』日本放送協会　2001 年

『検証・災害放送』（非売品）NHK 放送文化研究所　1994 年

宮澤清治『日本気象災害史』イカロス出版　1999 年

廣井脩『災害報道と社会心理』中央経済社　1987 年

Ⅳ テレビとスポーツ
~「見るスポーツ」の隆盛とテレビの今日的課題~

§1 テレビのないスポーツは

サマランチの至言? "Television needs sports, however, sport without television is nothing"

1992年秋,ヨーロッパ放送連合(EBU)のプラハ総会に招かれた時の,サマランチ(Juan Antonio Samaranch)国際オリンピック委員会(IOC)会長(当時)の言葉である.「テレビは番組ソフトとしてスポーツを必要としている.しかし,スポーツの立場でいうなら,テレビ抜きのスポーツはあって無きがごとしである」といったのである.

放送界の会合での演説である.多少の外交辞令は差し引かねばならない.

だが,あらゆるスポーツ団体の最高峰に君臨した氏のこの発言は,今日のスポーツとテレビの関係を語って,いかにも雄弁である.

スポーツとテレビは,相互の発展に欠くことのできない車の両輪にたとえられてきた.しかし,IOC会長をしてこうまでいわしめる両者の関係とは何なのか.スポーツ団体トップの言葉として,スポーツ本来の健康イメージを損ね

てはいまいか．あまりに商業化したIOC自身を述べたにすぎないのではないか，などなど，さまざまな疑問がわいてくるであろう．

スポーツの商業化が論じられる時，テレビはきまって引き合いに出される．多くは，過度な商業化を論じる時の，ステレオタイプな「悪」の片棒かつぎとして，である．

「テレビンピック」や「テレジェニック」などの新語が，好意で使われることは少ない[1]．一方で車の両輪といわれながら，他方ではスポーツをゆがめる当事者として糾弾されるのである．

この章では，そうした疑問を念頭に「見るスポーツ」とテレビの関係を概観し，メディアの経営戦略の鍵を握るとまでいわれるスポーツ放送の今日的な課題について，議論のきっかけを考えてみたい．

スポーツと放送の相性　スポーツ放送は，ほぼ例外なく高視聴率を期待できる．台本のないドラマは選手が書き，演出，主役を同時にこなす．リハーサルもない．試合が始まれば，放送は流れを伝えるだけである．投資額（放送権料）は安くないが，効率の良さはほかの番組に比べて抜きん出ている．人びとは素朴な感動に揺さぶられ，国別対抗のイベントともなればナショナリズムの昂揚という，間違って使われると危険な，放送の特性が最大限に発揮される．

スポーツの立場で見れば，10万人の競技場収容人数が放送で千万人にも，時には億単位にも増える．場内の広告看板は放送で莫大な効果をもたらし，メディアバリューの高まりしだいで，放送権収入が総運営費の半分以上を占める大会も枚挙にいとまがない．放送が，競技場という閉鎖空間をほぼ無限大に，時間差なしに拡大することでえられる利益である．

スポーツと放送は，すこぶる相性が良いのである．

やや強引な論法だが，両者の相性の良さは放送の誕生に始まる．

世界初のラジオ放送が始まった1920年[2]，第1次世界大戦で中止されていたオリンピックが，8年ぶりに第7回アントワープ大会で復活した．世界が待ち望んだ平和と，クーベルタン男爵の近代オリンピック思想が結びつき，その後，

ラジオのオリンピック放送が，オリンピックの急速な発展にはずみをつけた．

アメリカの大リーグ野球が「ホームラン狂時代」とよばれる第2次世界大戦前の黄金期の幕を開けたのも，この年だった．ベーブ・ルースのホームラン量産が始まったのである．ワールドシリーズの実況は翌1921年からだが，球場の熱気は電波に乗って全国に伝わり，ナショナルパスタイム（国民的娯楽）へと急成長を遂げた．黒人野球のニグロ・リーグが誕生したのも同年である．

テレビのスポーツ放送は，ラジオの16年後に始まった．

1936年8月1日，ナチスのドイツ国営放送がベルリン・オリンピックを舞台にテレビの実験中継を行なった．アイコノスコープ・カメラを使い，市内25カ所の特設展示場のほか，ライプチヒ，ハンブルグなど遠隔地の都市を有線で結び，ベルリンで同時進行中の競技映像を見せた．期間中，16万人がテレビを見たという．1大会の視聴者総数が300億人を記録する，今日のオリンピック放送の第一歩であった．[3]

映像を遠くへ伝えるテレビは，第2次世界大戦が近づくと各国で放送中止の憂き目にあう．だが，研究は続けられ，戦後いっきに花を咲かせた．

日本でテレビ放送が始まった当初，人びとを熱狂させたのは力道山のプロレスを筆頭とする街頭テレビのスポーツ中継だった．[4] 1954年2月19日，蔵前国技館で力道山・木村政彦対シャープ兄弟の世界タッグ選手権が行われた夜，新橋駅前は街頭テレビを見る2万人の大群集で埋めつくされたという．

全国の受信器台数がまだ数千台だった頃である．街頭テレビは，スポンサーにテレビの広告効果をアピールするための苦肉の策であったが，あっという間にスポーツ中継を放送の「ドル箱」にのし上げたのである．

衛星中継とスローVの開発～「見るスポーツ」隆盛へ　　テレビ放送発展の歴史は，オリンピックと深いかかわりをもっている．メダル獲得が国威発揚を意味したのと同じように，オリンピック放送も技術力の国際競技会の側面を持っていた．開催国の放送技術の開発は大会ごとのハイライトのひとつだったのである．1948年ロンドン大会では，複数のカメラをスイッチしてひとつの

IV　テレビとスポーツ　59

競技映像を作る技術がはじめて導入された．それ以前のスポーツ中継は，1台のカメラで映像を切り換えずに映していた．1956年コルチナダンペッツォ冬季大会は，イタリアから西ヨーロッパの8カ国に，中継映像が国境を越えて伝えられたはじめてのオリンピックである．1960年ローマ大会ではビデオテープが登場，映像の再生技術に画期的な機動力を与えた．

しかし，テレビがスポーツの発展に与えたインパクトの強さで，1964年の東京オリンピックに比べられる大会はほかにない．開会式のカラー中継やマラソンの全コース完全中継など，いくつもの初ものづくしの中で特筆されるのが衛星中継の成功とスローモーションビデオの開発だった．

大会直前の8月19日，太平洋上に初の静止衛星「シンコム3」が打ち上げられた．それまでの移動型衛星と違い，地球の自転と同じ速度で軌道を回る静止衛星は，いつも太平洋上空から東西の日本とアメリカを見下ろして，電波を反射することができた．

長時間のスポーツ中継がはじめて可能になったのである．

1964年10月10日．「世界中の秋晴れを集めたような」と形容された開会式の色鮮やかな入場行進は，太平洋を越えてアメリカに中継され，ニューヨークタイムズ紙は「国内のスタジオ番組に劣らない鮮明な画像」と讃えた．

「宇宙中継」と呼ばれた衛星中継は，地球の時間距離をなくし，選手団や開催国の国民に限定されがちだった大会への参加感を，地球規模のものへといっきに広げた．外国でのスポーツ大会が急速に身近になり，オリンピックは地上最大のページェントとして不動の地位をえたのである．

スロービデオの開発も，衛星中継に劣らないインパクトを与えた．

直前のプレーをスローVで再生する技術が，競技場の観戦ではえられないスポーツの見方を提供した．テレビ観戦者は，ゆっくりと繰り返し見ることで一流プレーのすごみを味わい，自らジャッジができるようになったのである．

昔も今も，スポーツ観戦で実物にまさる醍醐味はない．だが，大スクリーンの映像再生設備ができる以前の実物観戦は，見る者に一定レベルの「眼」を要

求した．スローVはその垣根を取り払った．プレーを分かりやすくし，テレビ観戦者を時には判定者とすることで，スポーツへの理解と親しみが深まり，多くの人びとをスポーツの能動的な見巧者へと変えたのである．

東京オリンピックを契機に，スポーツの環境は「見るスポーツ」の隆盛へと変化の足を速め，追いかけて，スポーツマーケティングビジネスが急成長した．

衛星中継とスローVに代表されるテレビ技術の進歩は，そうした変化の回転軸として機能した．「テレビオリンピック」という言葉がはじめて登場した1964年東京大会は，この後，プロスポーツを中心とする「見るスポーツ」が急成長するきっかけを作ったのである．

テレビがもたらした大会の地球的広がり　かなり以前のことであっても，ワールドカップサッカー（W杯）をローカル大会と呼ぶのは勇気がいる．しかし，メディアスポーツの視点で見ると，1978年以前と以後のW杯は，天と地ほどに価値の違いがあった．

1978年の第11回アルゼンチン大会まで，W杯に出場したヨーロッパと中南米以外の国々は，アメリカの3回を例外に，ほかは韓国，北朝鮮，モロッコ，イスラエルなどの9カ国が1回を数えるのみだった．サッカーの母国イングランドも，第2次世界大戦後の第4回ブラジル大会までは出場していない．

大会はヨーロッパと中南米をほぼ交互に往き来し，1994年アメリカ大会ではじめて「外の世界」に出た．熱狂的な人気で他の追随を許さないサッカーの世界一決定戦の不思議さである．ヨーロッパと中南米の競技力があまりに傑出しているために生まれた，変則的なローカル現象であった．

放送も似ていた．市場規模で世界1位と2位のアメリカと日本に，放送のローカル性をみることができる．日本で最初にW杯を放送したのは東京12チャンネル（現テレビ東京）である．1970年メキシコ，1974年西ドイツの2大会を連続で放送した．1試合を前後半の2つに分け，2週で1試合を消化する変則的な編成で，1年間かけて全試合を放送した．しかし，大都市周辺だけのネットワークが，全国放送を行うのは無理だった．

アメリカの地上波全国ネットにいたっては、自国開催の1994年大会をABCが放送したのが最初である。それ以前は、ヒスパニック系住民などへの地域放送が主なものだった。W杯ほどの大会が地球規模の放送の広がりを持つようになったのは、意外なくらい新しいのである。

1978年、国際サッカー連盟（FIFA）は、International Television Consortium（ITC）と3大会のパッケージ放送権契約を結んだ。

ITCとは、ヨーロッパ放送連合（EBU）、中南米放送連合（OTI）、アジア太平洋放送連合（ABU）などの地域放送連合が、W杯放送を目的に結成した連合体である。日本からは、NHKだけがABUに加盟していた。

FIFAとITCは1978-86年3大会と、その後さらに1990-98年の3大会を連続して契約した。20年間で6回のW杯を放送したのである。

日本の民放は、国内のW杯熱気が高まる1990年代半ばまで、ABUの活動に関心が薄く、1990〜98年3大会をパッケージ契約した時点では、民放はABUに加盟していなかった。このため日本チームが初出場した1998年フランス大会はNHKが独占放送した。

ITC結成には、W杯を世界へ普及させたいFIFAのもくろみが強く働いていた。ITCの特徴のひとつは、サッカーが強い弱いにかかわらず、カバー地域が北米大陸を除く世界を網羅していることだった。オリンピックのように参加を第一義におく大会と違い、予選を勝ち抜いた国しか出場できないW杯では、放送網の広がりは決定的な意味を持った。出場に無縁な国ぐにでも、W杯は世界中くまなく放送されるようになったのである。

FIFAの戦略は広告にも生かされた。ITCが放送を始めた1978年大会で、FIFAは競技場内にはじめて広告看板を設置した。ITCを構成する放送局は広告放送のない公共放送が多かった。しかし、タッチライン沿いの広告は、1試合平均16〜20分で画面に露出されて世界に流れた。

1970年代から1980年代は、経済のグローバル化が急速に進んだ時代、多国籍企業が競ってスポンサーに名乗りを挙げた。スポーツと経済を、テレビが文

表 IV-1　ITC を構成した放送連合と主な放送局

略　称	正式名称	地　域	ITCに加盟した主な放送局
ABU	Asia-Pacific Broadcasting Union （アジア太平洋放送連合）	アジア オセアニア	NHK（日本），CCTV（中国），TVB/ATV（香港），KBS/MBC/SBS（韓国），SBS（豪州），TVNZ（ニュージーランド），RTM（マレーシア），IRIB（イラン），DDI（インド），TVRI/RCTI（インドネシア）など多数．
EBU	European Broadcasting Union （ヨーロッパ放送連合）	ヨーロッパ	BBC/ITV（英），ARD/ZDF（独），RAI（伊），RTVE（スペイン），TF1/A$_2$（仏），NOS（オランダ），SRG（スイス），NRK（ノルウェー），SVT（スウェーデン），YLE（フィンランド），VRT（ベルギー）など多数．
OTI	Organizacion de la Television Iberoamericana （中南米放送連合）	中南米	Televisa/TV Azteca（メキシコ），ATC（アルゼンチン），TV Globo（ブラジル），Venevision（ベネズエラ），TVN（チリ）など多数．
ASBU	Arab States Broadcasting Union （アラブ諸国放送連合）	アラブ諸国	アラブ連盟加盟国の放送機関．主に国営放送．
URTNA	Union des Radiodiffusions et Télévisions Nationales d'Afrique （アフリカ放送連合）	アフリカ	アフリカ統一機構（OAU）加盟国の放送機関．すべて国営放送．
OIRT	Organization of International Radio & Television （東欧放送連合）	東欧社会主義諸国	ソ連邦を中心とする東欧社会主義圏の国営放送局．

注）OIRTはソ連崩壊と共に消滅．EBUに吸収された．

字どおり媒介して結んだのである．FIFAとW杯の財政は急速に拡大した．

　連動して大会規模も広がった．1982年大会から24チームに増えた出場国は1998年に32チームとなり，ヨーロッパと中南米以外の出場国増加を促し，2002年の日韓大会で初のアジア開催につながった．その間に，FIFAはIOCに迫る巨大組織に成長し，W杯のテレビ視聴者数はオリンピックをしのいだ．

　あえて変則ローカル大会と形容したW杯が，名実ともに世界最大の単一スポーツ大会に育っていく過程は，安定した放送を続けたITC 20年の足跡とそっくり重なる．W杯を，サッカー世界一決定戦にふさわしい地球的な広がり

IV テレビとスポーツ　63

§2　スポーツ放送権

　スポーツ放送権を詳しく語るには，本書を1冊使ってもたりない．
　たとえば，2002年のNHKのスポーツ放送は総計で7,000時間を超えた．いかに放送波の多いNHKとはいえ，24時間スポーツ放送を年に290日間も行った計算になる．その一つひとつに放送権が存在するのである．
　それらの由来と価格の高騰は，スポーツごと大会ごとに歴史と理由があり，今日では暴騰という言葉で表現される大会も現れた．
　詳細は，拙著「いつまで続くかスポーツ放送権市場の巨大化」（『NHK放送文化研究所・年報47』2003年3月，日本放送協会放送文化研究所）を参照していただくとして，ここでは，近年で最も話題になった2002/2006年ワールドカップサッカーを取り上げてみる．

　<u>高騰から暴騰へ</u>　前項で述べたITCが，一定の役割を終えたとしてW杯から退けられたのは，フランス大会の2年前の1996年だった．W杯の放送を世界に広げたITCの功績を評価しながらも，FIFAは続く2大会の放送権をスポーツマーケティング会社のISLと，ドイツの有料衛星放送を運営するキルヒ・メディアグループに与えた．
　理由はひとつしかなかった．圧倒的な金額の差である．
　ITCが，20年間で6つの大会に支払った放送権料の総額は4億5,050万スイスフラン（支払い時レートで450億5,000万円）である．これに対して，ISL/キルヒが合意した金額は，2002年日韓大会が13億スイスフラン，2006年ドイツ大会が15億スイスフランだった．日韓大会だけでITCの6大会合計の約3倍，フランス大会ひとつとの比較なら10倍である．
　放送連合の集合体であるITCは，原価より高い権利の再販売はしなかった．いっぽう，ISL/キルヒは権利を右から左へ動かして利益をあげることを目的としていた．その結果，2002年日韓大会の放送権を，日本ではスカイパーフ

表Ⅳ-2　1978年から2006年までのW杯放送権料の推移

年度開催国	ITC放送権料総額	日本/NHK	
		金額 (万スイスフラン)	円換算額 (万円)
1978　アルゼンチン	2,250万スイスフラン	118.44	1億6,582万円
1982　スペイン	3,900万スイスフラン	213.64	2億9,362万円
1986　メキシコ	4,900万スイスフラン	268.42	3億567万円
1990　イタリア	9,000万スイスフラン	437.76	4億3,776万円
1994　アメリカ	1億1,500万スイスフラン	500.48	5億48万円
1998　フランス	1億3,500万スイスフラン	587.52	5億8,752万円
	ISL/キルヒ (北米英語放送権を除く)	日本	
		スカイパーフェク TV	ジャパン コンソーシアム
2002　日本/韓国	13億スイスフラン	CS放送権135億円	地上波・BS放送権 66億円 (40試合)
2006　ドイツ	15億スイスフラン	?	?

出所) ABUほか

ェクTVが64試合のCS放送権を135億円（推定）で獲得し，NHKと民放のジャパン・コンソーシアム（JC）は40試合の地上波とBS衛星放送の権利を，66億円（推定）でようやく手に入れた．

　ITCの一員としてNHKがフランス大会に支払った額の実に約34倍である．しかも，ITC加盟局に与えられた権利は，地上放送，衛星放送，ハイビジョン，ラジオなどメディアの区別なく何回でも再放送が可能な権利だったが，JCの条件は40試合を地上放送で1回，デジタル衛星放送で2回，放送できるだけの権利だった．権利の内容を考えれば想像を絶する値上がりである．

　高騰に代わって暴騰という言葉が使われ，FIFAの拝金主義が1回の大会でIOCを超えたと酷評されたのも，うなずけるのである．

　テレビは放送権高騰の被害者か　単純な計算をしてみよう．JCは66億円

IV　テレビとスポーツ

（推定）で40試合の放送権を手にした．NHKと民放の出資比率は6：4である．推定額にしたがえば，NHKが39億6,000万円を支払い，民放は26億4,000万円を負担したことになる．放送も出資比率と同じ割合で，NHKが24試合を放送し民放は16試合を分け合った．

　民放の放送には，電通が各社共通のスポンサーをつけた．1社10億円の広告主（フルパッケージ）10社，1社5億円の広告主（ハーフパッケージ）10社，あわせて20社が総額150億円のスポンサー料を提供した．これが，民放テレビ全体の広告収入である．ここから，放送権料26億4,000万円を差し引いた123億6,000万円が全体の収益になった．16試合で割ると，1試合放送するごとに7億7,250万円の黒字を出したことになる．電通の手数料を20％として差し引いても，スポーツ放送がいかに大きなビジネスであるか理解できる．

　同様の計算で，W杯日韓大会におけるJCの放送権料は1試合につき1億6,500万円になる．

　プロ野球の巨人戦の放送権料は，1試合1億3,000万円から1億5,000万円とされる．単純比較は禁物であるが，毎日のように試合のある巨人戦に比べて，4年に1回のW杯が高すぎるわけではないとするFIFAなどの主張につながる．オリンピックも同様である．日韓大会で放送が残した実績は，スーパーと名のつく大会の放送権料がこれからも上がり続けることを示唆しているのである．

　スポーツ放送権は，ヒーローの出現，自国の国際競技力の向上，開催地との時差，通信技術の進歩による映像伝送のコスト減など，複合的な理由で高騰を続けてきた．悲鳴に近い抗議の声をあげながら，放送が自ら招いた高騰もある．独占権の獲得競争による急騰である．2003年の初夏，アメリカNBCは22億ドル（約2,640億円）で，2010年と2012年のオリンピック放送権を獲得した．契約合意時に，2010年のバンクーバー冬季大会はまだ決まっていなかった．2012年夏が決まるのは，まだ先の話である．ばかばかしいほどの金額だが，危険な賭けではなく，確実なビジネスが見込めるからである．しかし，NBC

はオリンピック放送局のブランドイメージと引きかえに，国内の４大プロスポーツからすべて撤退を余儀なくされた．NHK や BBC のように放送で利益をあげられない公共放送を除き，放送権高騰に対して放送局があげる悲鳴とは何なのか，考えさせられるのである．

§3　スポーツ放送の課題

絶叫中継はミュートで見よ　NHK の山本浩アナウンサーは，自著の中で実況を２つのタイプに分けている[5]．言葉ですべてのプレーを伝えようとする「凸型実況」と，あらかじめ触れておいてプレーが始まったら黙って見せる「凹型実況」である．実況には凹凸のバランスが肝心で，一般にスペクタクル性が低く，スキル・展開の少ないゲームは凸型が多用され，面白い試合なら凹型でも十分に興奮できるとした上で，凹の要素が多いと凸の効果が際立つと指摘している．

　名人の域に達した者の至言に比べて，現実は不必要な言葉の多用と絶叫，応援アナウンスで溢れかえり，感動の強要をしているようですらある．品性を疑わせ耳をふさぎたい思いにかられる実況中継も多い．スポーツ中継は，すぐれた映像と解説者やアナウンサーの専門性の高い言葉が，抑制の効いた形で伝えられれば十分に堪能できる．むしろ，その方が卓越したプレーの輝きが増し，メディアを通したスポーツ観戦の醍醐味が高まる．競技と無縁な過剰なゲスト出演も同様である．プレーがひとつ終わるごとに，演出された大騒ぎを繰り返す放送席や観客席の芸能タレントが，どれほどスポーツの魅力を損ねているか計り知れない．凸型実況の目立ちすぎは制作現場の思い違いというべきで，無音（ミュート）で見なくてはならないスポーツ中継は，何ともあじけないものである．

過剰放送　2002年ワールドカップサッカーで，韓国の地上放送３社（KBS，MBC，SBS）は，全64試合のうち43試合を同時放送した．韓国で３つしかないチャンネルのどれに合わせても，W 杯の同じ試合を中継するという極端な

IV　テレビとスポーツ　67

表 IV-3　韓国3社同時放送のうちの主な試合の各局別視聴率

(%)

対戦カード	KBS 1	KBS 2	MBC	SBS
韓国 vs ポーランド		16.2	28.0	18.8
韓国 vs アメリカ		11.2	23.9	14.9
韓国 vs ポルトガル		13.7	26.8	17.1
（決勝リーグ）韓国 vs イタリア	15.7	7.7	27.6	14.5
（準々決勝）韓国 vs スペイン	14.2	5.9	30.3	14.0
（準決勝）韓国 vs ドイツ	14.3	15.6	33.1	10.3
（3位決定戦）韓国 vs トルコ		10.3	33.0	12.3
（開幕戦）フランス vs セネガル	23.7		19.5	10.0
日本 vs ベルギー		8.1	14.8	7.4
日本 vs ロシア		11.4	20.1	14.6
日本 vs チュニジア		3.9	4.9	2.8
日本 vs トルコ	6.6		8.0	4.9
（準々決勝）イングランド vs ブラジル	8.1		9.0	4.5
ドイツ vs アメリカ		7.2	23.9	8.4
セネガル vs トルコ		7.0	13.7	6.6
（準決勝）ブラジル vs トルコ		9.9	17.3	8.7
（決勝）ブラジル vs ドイツ	16.1		24.8	8.7

出所）KBI（韓国放送映像産業振興院）TNS Media Korea 調査

番組編成である．詳細な分析は別の機会にゆずるとして[6]，ここでは主な試合の3社の視聴率を紹介するにとどめる．

　43試合の同時放送は，一部の市民団体や研究者から電波の浪費との批判もでたが，あまりの熱狂に押されて大きな議論にならなかった．韓国が準決勝まで進出したことを考えれば分からなくもないが，あまりに過剰な番組編成とい

うべきだろう．日本では，全国101局の民放ラジオが，日本戦4試合と決勝戦の合わせて5試合を，同じアナウンスと解説，同じコマーシャルで全国一律の一斉放送を行った．電通が，全民放ラジオのコマーシャル枠を買いとり，まったく同じ番組を流したのである．日韓2つのケースとも，視聴者やリスナーはW杯以外の放送を選択する方法がなかったのである．

今さらいうまでもないが，スポーツと放送はともに文化である．ならば，人びとの考え方が多様であるのと同じように，スポーツとそれを伝える放送も多様性を尊重しなくてはならない．韓国のテレビと日本の民放ラジオは，その原則から乖離していた．高額放送権料を少しでも回収するためという理由もあろうし，国中が同じ熱い思いをして何が悪いという声も聞こえてきそうだ．しかし，どんな理由であれ，視聴者やリスナーの選択肢を奪ってまでの放送を正当化することはできない．

1998年のW杯は開催国フランスが初優勝して，国中が文字どおり熱狂のるつぼとなった．この大会で，EBUに加盟していないフランスの地上商業テレビM6 (Metropole Télévision) は，放送権がなかった．そこで，M6はニュースもふくめてW杯をいっさい放送しないと事前に宣言した．そして，1998年6月の1ヵ月間，通常の放送を続けたM6は，前年同時期を12ポイント上回る視聴率を獲得した．

人の好みと，文化の多様性とはこうしたものであろう．

（曽根　俊郎）

注）
1) テレビとオリンピック，フォトジェニックの合成語．「テレビのためのオリンピック」「テレビ映りが良い」の意味で使われる．
2) 1920年11月2日，米ウェスティングハウス社がラジオ放送局KDKAをピッツバーグに開設，世界初の本放送を開始（出力100W）．大統領選の開票状況を速報した．
3) Horst Seifart, *The Witness of the Early Days of Olympic Television* ―

Television in the Olympic Games, The New Era, IOC, 1998.
4) 1953年2月にNHKが，続いて8月にNTVがテレビ本放送開始．NHKは大相撲，プロ野球，高校野球，水泳などを中継，NTVは開局翌日の8月29日に後楽園球場から巨人対阪神のナイター初中継を行った．NTV発案による街頭テレビは，翌1954年2月プロレス中継で大ブームを起こした．開局年のNHKのテレビ契約数は1,485件．日本の総広告費491億円．うち，新聞320億円，ラジオ45億円，テレビは1億円にすぎなかった．
5) 山本浩「放送席の現実——縦に伝えたワールドカップ」牛木素吉郎・黒田勇編『ワールドカップのメディア学』大修館書店　2003年
6) 曽根俊郎「私論・ワールドカップのメディア学〜1つのパイの放送優先順位決定にみる日韓放送比較」『放送研究と調査』NHK放送文化研究所　2004年

参考文献
曽根俊郎「いつまで続くかスポーツ放送権市場の巨大化」『NHK放送文化研究所年報47』NHK放送文化研究所　2003年
曽根俊郎「暴騰が残した不安——ワールドカップの放送権ビジネス」牛木素吉郎・黒田勇『ワールドカップのメディア学』大修館書店　2003年
山本浩「放送席の現実——縦に伝えたワールドカップ」牛木素吉郎・黒田勇編『ワールドカップのメディア学』大修館書店　2003年
杉山茂『テレビスポーツ50年——オリンピックとテレビの発展』角川書店　2003年
ジャック坂崎『ワールドカップ——巨大ビジネスの裏側』角川書店　2002年
須田泰明『37億人のテレビンピック——巨額放映権と巨大五輪の真実』創文企画　2002年

V テレビドキュメンタリーの輝きとその未来

§1　ドキュメンタリー番組はどこにある？

ドキュメンタリー番組を探してみよう　ドキュメンタリー番組とはどんな番組を指すのだろうか．新聞のテレビ番組欄でニュースやワイドショーやバラエティはすぐ見つかるが，ドキュメンタリーと思われる番組はすぐには見つからない．

図Ⅴ-1は，2003年4月の関東地方キー局の報道番組，情報番組の放送時間を示したもので，濃い部分が報道番組，情報番組である．各局とも朝から夕方まで，ほぼ生放送番組と重なる（図Ⅴ-2を参照）．つまり生放送のニュース，ワイドショー，情報番組が昼間の大半を占めている．テレビは生放送とともに誕生し，50年の経過を経て再び生放送を増やしつつある．これは，長年再放送が繰り返されてストックが乏しくなったという事情もあるが，生放送が本来テレビの機能を生かすもので，制作コストが安く，しかも視聴率競争に役立つと考えられているからである．他方，図Ⅴ-1の白い部分はほぼ録画されたもので，夜のゴールデンタイム（午後7時から10時）では，金と時間をかけ，録

図Ⅴ-1　各局の報道番組，情報番組の時間帯（月曜）

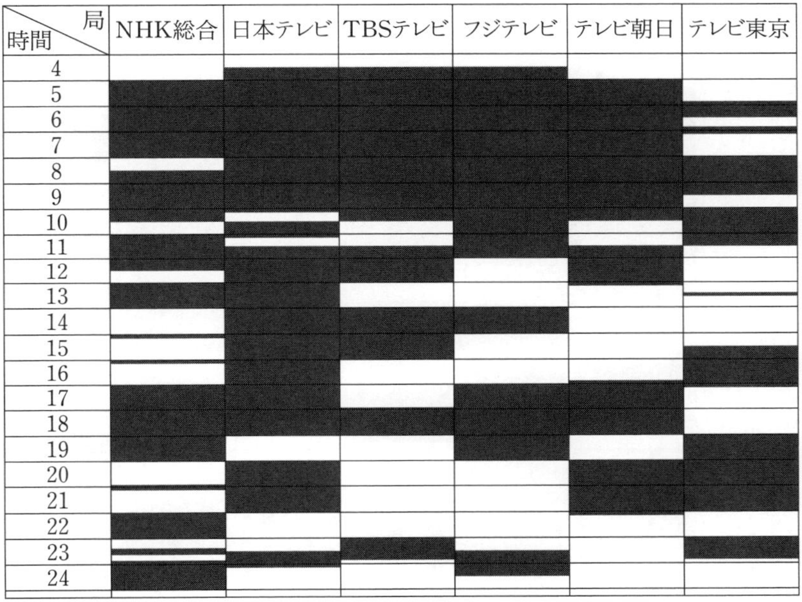

時間＼局	NHK総合	日本テレビ	TBSテレビ	フジテレビ	テレビ朝日	テレビ東京
4						
5						
6						
7						
8						
9						
10						
11						
12						
13						
14						
15						
16						
17						
18						
19						
20						
21						
22						
23						
24						

注）ここでは，ビデオリサーチ社の分類「報道」と「一般実用」をベースに情報番組と思われる番組を抽出した（基本表を基礎に，4月21日の内容を参考に作成）．

画・編集されたドラマ，バラエティ，音楽，クイズなどが主流となっている．

では，ドキュメンタリーはどこで放送されているのだろうか．

もともと民放キー局では，1970年代に入って以降，夜の見やすい時間には本格的なドキュメンタリー番組は1本もなかった．1992年開始のテレビ東京の『ドキュメンタリー人間劇場』は正面からドキュメンタリーと名付けられた．多くの制作会社が競作し，さまざまな庶民の生き方を描く優れた作品を送り出したが，2000年に終了となった．1989年に始まったテレビ朝日の『ザ・スクープ』は，キャスター鳥越俊太郎が自ら取材者となり，粘り強い調査報道により人気があった．とくに埼玉県の女子高校生殺人事件に対する埼玉県警の捜査の問題点を探り出し，ストーカ対策の立法化の契機をつくった．しかし局の方

図V-2　2003年春　各局の生放送の時間帯（月曜）

時間	NHK総合	日本テレビ	TBSテレビ	フジテレビ	テレビ朝日	テレビ東京
4						
5						
6						
7						
8						
9						
10						
11						
12						
13						
14						
15						
16						
17						
18						
19						
生放送率	66.7%	97.7	70.2	77.8	62.9	33.1
生放送時間	560(分)	850	590	681	530	265

注）各社発表基本表より作成．
出所）NHK放送文化研究所刊『放送研究の調査』2003年7月号

針により，多くの視聴者による番組存続の要望があったにもかかわらず，2002年に終了となった．また民放系の衛星放送では，『牛山純一の世界』や『現代の主役』（いずれも後述）など，1960年代，1970年代の民放の貴重な名作を放送しているが，これは現在の制作番組ではない．

　民放キー局の地上放送では，日曜日の深夜12時台（日本テレビ系の『NNNドキュメント03』），火曜日の深夜2時台（テレビ朝日系の『テレメンタリー』），日曜の午後2時台（フジテレビ系の『ザ・ノンフィクション』）などが長期にわたりドキュメンタリーの孤塁を守っているといえる．

　NHKの総合放送は夜の良い時間に多数のドキュメンタリー番組を放送し，とくに『NHKスペシャル』は最も質の高いドキュメンタリー番組として国内

国外の番組コンクールで主役の座を占めてきた。『NHKスペシャル』は全国の制作者から企画を募る"スペシャル"という形をとり、草創期の『日本の素顔』のように、毎週固定された時間に、同じチームのスタッフが継続性をもって企画・制作したドキュメンタリー番組とは異なる面がある。しかし長期的な海外取材や最先端の技術の活用により、戦後のテレビドキュメンタリーが築いた伝統の到達点が示されている。教育放送ではETV特集がすぐれたドキュメンタリーを数多く放送してきた。しかし2003年以降ETV特集のドキュメンタリーは、その本数が半減以下となっている。

　NHKの毎夜7時のニュースに続く『クローズアップ現代』や、日曜日午後6時のTBS系の『報道特集』はニュース系のドキュメンタリー番組として分類される場合が多い。記録映像と生放送を組みあわせた現代的なドキュメンタリーだという見方である。しかしこれらはドキュメンタリーというよりもスタジオから生で放送されるニュース番組、解説番組だという見方もある。そこで2001年に始まった人気番組『プロジェクトX』こそ現代のドキュメンタリー番組の代表だという意見も聞かれる。毎回まったく同じパターンで、再現された映像をふんだんに使い、中島みゆきの主題歌とともに日本人賛歌を語る番組が果たしてドキュメンタリーかという疑問はありうるが、現在ドキュメンタリー的な手法を生かして最も多くの支持をえている番組である。

　ドキュメンタリーという言葉　NHKで長くドキュメンタリーの制作・研究に携わった安間総介氏は、1993年のNHKスペシャル『禁断の王国ムスタン』の"やらせ"問題を契機に、世界7カ国の制作者百人にドキュメンタリーについて調査を試みたところ、「ドキュメンタリーについての一般的で明確な定義は存在しない。制作者一人ひとりが自分自身の定義をもつ以外にない」という結論になったという（Tv Man UnionxNews NO 571号）。この安間氏の結論には、ドキュメンタリーという手法のもつ柔軟性と同時に、すべてのドキュメンタリー制作者の抱く夢が込められているように感じられる。

　もともとドキュメンタリーという言葉はイギリスの映画作家J.グリアスン

が20世紀の初めにつくった新しい言葉である．グリアスンはアメリカの映画作家のR・フラハティの北極における人間と自然の闘争を主題にした長編記録映画『極北の怪異』(1922年) に強い感銘をうけた．フランスでは，旅行映画などが「フィルム・ドキュメンテール」と呼ばれ，これは証拠や記録を指す言葉「ドキュメント」を形容詞にして使ったものだった．1926年，グリアスンはその意味を拡大した英語として documentary film という言葉をつくった[1]．つまり，世界で実際に存在している興味深い出来事を，フィルムによってしっかり記録したもの，という意味が，ドキュメンタリーという言葉の誕生の歴史にこめられている．

放送局に就職したい人で「僕はドキュメンタリーをつくりたいと思っています」という人はたいへん多い．また一般の視聴者で，強く記憶に残る番組を尋ねると，自分の見たドキュメンタリーを挙げる人は少なくない．それはかつて多彩なドキュメンタリー番組がひしめいた1960年代の記憶や，その時代の作品の再放送を見た人ばかりではない．いまも数は少ないながら，優れたドキュメンタリーのもつ感動や影響力の大きさの例には事欠かない．すでに紹介した民放やNHKの番組以外にも，『世界ウルルン滞在記』『世界不思議発見！』(いずれもテレビマンユニオン制作) のように一見バラエティのような顔をしながら，ドキュメンタリーの手法を巧みに生かした海外取材の番組もある．

さらに一歩東京を離れ，全国の各県の放送を見ることができれば，各地域で毎週放送されるドキュメンタリー番組が，視聴者の根強い支持をえていることが分かる．イタイイタイ病，水俣病，ダイオキシン問題，瀬戸内海豊島の産業廃棄物などの環境・公害問題について，政府や自治体や企業の重い腰を上げさせたのは，地域局の継続的な取材によるドキュメンタリーの力である．しかしこれらの地域番組はそれぞれの放送区域の放送がほとんどで，ネットワークで全国放送される機会がなく，他の地域ではみられない．このドキュメンタリーへの視聴者の支持や期待と，民放キー局の編成の現在の位置づけはまったくバランスが取れていない．このアンバランスな現状の中にテレビドキュメンタリ

ーのたどってきた苦しい歴史がうかがわれる．しかし現在でも優れた作品の果たす役割と影響は計り知れないほど大きい．

ある中国人女性の執念「小さな留学生」

1995年12月，張麗玲という若い美しい中国人の女性が突然フジテレビのドキュメンタリー番組制作者をたずね，カメラを1台貸してほしいと頼んだ．彼女は撮影機材をなにももたず，制作経験もなかった．かつて日本の大学院の留学生で，その後日本の商社のOLだった彼女は，自分の経験から「日本で懸命に生きている留学生の姿を中国本土の人びとに知ってもらい，中国と日本の間を近づけるため，中国人留学生の生活の記録を20回のシリーズで撮りたい」と熱心に語った．

たまたま応対したフジテレビのプロデューサーは，彼女の「普通ではない思い」を感じ，ちょうどその時期に発売され始めたデジタルビデオカメラの活用を勧め，撮影の指導に協力する．それから4年半，張はOLとしての仕事の合間を縫って，たった1人の企画・演出によるドキュメンタリーシリーズの取材・編集を進めた．何度か過労で倒れ，点滴を打ちながらの死にもの狂いの取材のテープは1,000本に達した．完成したのは計画の半分の10本のシリーズ『私たちの留学生活〜日本での日々』だった．

中国の放送局への売り込みは容易でなかったが，苦心のパイロット版の出来の良さもあり，1999年暮れ北京で連続放送されることになる．放送開始8日目，その番組を見た人の口コミの広がりから，有力一般紙が次つぎにその反響を取り上げ始め，北京の街は夜人通りが絶えるほど注目の的となった．その後上海，四川など30省市で放送された．中国のマスコミは早朝から深夜まで張氏を取材攻めにし，この番組を中国に送り出してくれたことに感謝する記者は涙を浮かべ，各地の視聴者は行くところ行くところ「謝謝！」を繰り返した．放送局員は「私たちにはつくれない番組だ」と語った．視聴者の声を集めたラジオの特集では「日本人への見方が変わった」「日本人が好きになった」「生きる勇気を与えてくれた」という反響が続いた．

2000年5月，このシリーズの1本「小さな留学生」がフジテレビから放送

され，日本でも大きな反響を呼んだ．元気一杯に成田空港に降り立った小学生の留学生が，日本の同級生，先生との自然な暖かい触れ合いの中で，言葉と文化の壁を乗り越え，わずかの間に見事な成長を遂げる．間もなく帰国した小さな留学生にかつての友達が口々に聞く．「日本で幹部になったか？」留学生は堂々と答える．「日本ではだれでも幹部になれる．教室で手を挙げればいい」．

この番組の制作過程そのものをドキュメンタリーとしたフジテレビの横山隆晴プロデューサーは「この番組は国と国の枠を越え，私たちに今何が大切か，どう生きたらいいのかを伝えてくれた」「テレビ局側は，テレビがもっている社会的使命を，ひとりの若者の"思い"に賭けてただ果たそうとしたに過ぎない」と記している．[2)]

ほとんど独力によって制作されたこの番組の成立は，ドキュメンタリーの本質を物語っている．ひとりの人間にひたすら記録したいと思う対象があり，これを多くの人に見せたいという思いがあった．ドキュメンタリー番組の原動力がここに示されている．

§2　テレビドキュメンタリーの曙

記録映画とテレビドキュメンタリー　日本のテレビ・ドキュメンタリーの草分けであるNHKの『日本の素顔』は，テレビ開局の4年後の1957年に始まった．この番組は「フィルム構成」という呼び名で誕生した．

当時，ドキュメンタリーは劇場用の記録映画を指す言葉と思われていた．『日本の素顔』の中心的ディレクターであった吉田直哉自身は，番組のインパクトが世に広まった1年後，映画作家羽仁進との論争の中で，テレビドキュメンタリーという言葉を使っている．この論争は，雑誌『中央公論』の新進の映画作家によるテレビドキュメンタリー論から始まった．

羽仁は，「テレビドキュメンタリーの中に記録映画の手法を真似る傾向が出てきたが，映像の素人として自由な作り方を開発すべきだ」という趣旨の批判を行った．吉田はこの論争の中で，新しいメディアは先行メディアのあらゆる

手法を生かすとしながら，ここで，はじめて劇場用記録映画とは異なるテレビドキュメンタリーの独自の意義と手法を理論づけた．

　記録映画が旅行や探検などを主たる対象に，最初からわかっている結論へ導く構成をとる傾向があるのに対し，テレビは森羅万象を扱い，まだ結論の明らかでない社会事象を視聴者とともに"思考する過程"であるというのが吉田の主張だった．またさらに，制作者による個性的な創造としてのドキュメンタリーを，組織による集団的作業としてのニュース番組制作と峻別する立場を明確にした．これらの主張の背景になったのは，当時大きな影響力をもっていたラジオの録音構成の制作経験であった．

　ラジオの録音構成は，1951年の民間放送誕生とほぼ同時に開発されたゼンマイ式の小型録音機，通称デンスケで取材し，録音された6ミリのテープを切り刻んで編集した番組であった．録音構成は，ラジオ報道番組における録音ニュースや，映画館で見られていたニュース映画とは異なり，制作者の選んだ主題についての記録をナレーションで構成したものである．長さは15分，30分，45分，1時間など多様だった．一見記録映画と似ている面もあるが，記録映画が映像として面白そうな素材を選ぶのに対し，録音構成は，インタビューやさまざまな音を手掛かりに，社会のあらゆる事象を掘り下げて示すのが得意だった．ニュースが政府関係者や組織の公式の発表，また発生したできごとを追うのに対し，録音構成は制作者の考えた企画により，気軽にだれでも取材し，どんな音でも録音し，社会的に潜在的な問題も掘り起こした．これは，新聞と対比される週刊誌に似ていたが，声と言葉が人間のホンネを表現し，取り消しの効かない記録性をもつ録音機による取材は，週刊誌とは異なるリアリティをもった．1本15分のテープの時間を区切りにしながらも，いくらでも長時間が可能であり，その編集はハサミとテープで自由自在だった．初期のテレビのフィルム構成の撮影用カメラ"アイモ"が最大18秒しかとれず，フィルムも高価格で編集も技術者まかせ，しかも同時録音ができない不自由さとは比較にならない自由度だった．しかもまだ戦後の熱気の残るこの時代は，言論の自由

「日本の素顔」は録音構成の嫡子　吉田直哉がNHKに入ったと同じ年の1953年，ラジオ東京（現在のTBS）に入社し，社会部社会課に配属された萩元晴彦は，後に『現代の主役』など社会的反響の大きいドキュメンタリーをつくり，1970年にプロダクション「テレビマンユニオン」を創立する．その放送人としての起点は録音構成「ラジオスケッチ」だった．季節の風物，無名・有名の人の話，週刊誌的な話題，ニュースの焦点，なんでも取り上げられる朝の人気番組では，制作者数人が構成とナレーションの腕を競い，交互に演出助手となった．この経験を経た1955年，萩元は医学の最先端である心臓外科手術の実況中継と関係者の声で構成した『神これを癒し給う～心臓外科手術の記録』をつくった．これは制作者が自ら晩年に「作家は処女作を越えられない」と書いたように，人間の生命の息遣いに迫る歴史的な名作として評価される番組となった．このラジオ番組のメインタイトルは『日本の素顔』である[4]．

　吉田も萩元と同年の1953年にNHKに入り，社会部社会課に配属され，『都民の時間』『関東県民の時間』『婦人の時間』『社会展望』をつくった．

　たまたま1954年にラジオ東京に入って，萩元と同じ社会課に配属された筆者は，萩元の助手として上記の番組制作に参加し，翌年からは1人で冤罪事件をめぐる番組をつくった．現職警官の"おとり"捜査を暴露した「菅生事件」をめぐるシリーズはマスコミと国会が動く契機となった．同時期に文化放送は『マイクの広場』，ラジオ東京は『伸び行く子供たち』で社会や教育の問題点に迫る鋭い取材を行った．NHKも民放も，報道部と別に社会部という組織が独特のジャーナリズム機能をもつ状況があった．

　吉田も，多くの録音構成制作者と同様，上司・先輩の指示・命令などなにもなしにデンスケをかついで1人で歩き回った．社会事象だけでなく有名作家の謎に迫る『面影を偲ぶ』や現実音で日本を描き出す『音の四季』のような大胆な番組もつくった．1957年にテレビに移った吉田の企画した『日本の素顔』は日曜日の午後9時半～10時の放送で，第1回は「新興宗教をみる」だった．

吉田はその初の撮影について,戸田城聖創価学会会長を映す照明はあまりに弱く,15秒ごとにネジを巻かなければならないカメラの映像の中途半端さを残念がりつつ,「映像にできるものは意外に少ないぞ,と実感したことが幸せだった」と述べている.これは,10年後に前記の萩元が,「テレビは"絵"という通説は誤りで,時間だ」という確信をもつのと対比される感想である.吉田は「考えるカメラ,思考する過程」といい,萩元は「ディレクターはカメラをもつ前に自分の頭で考えろ」が持論だった.

その後『日本の素顔』は「日本人と次郎長」「迷信」「右翼」「隠れキリシタン」などの話題作でテレビドキュメンタリーの基礎をつくった.伊勢湾台風の被害を描いた「泥海の町」については,「かねて日本の素顔のニュース番組化に反対していたのですが,この時は速報に徹しなければと3日で撮りあげました.放送後あらためてドキュメンタリーのニュース化,ニュースのドキュメンタリー化に反対を唱えました」と自ら解説している.この時も速報といいながら,実際は3日後の取材だった.ニュース報道と一線を画し,「速報性によろめいてはドキュメンタリーの自滅」とする彼の信念は,テレビドキュメンタリーの本質と関わる問題だった.その後安保問題報道を経て機構の再編が進み,『日本の素顔』は報道局に移り,やがてドキュメンタリー番組はすべて報道局の傘下に入る時代になる.しかし「ニュース番組からの独立」という吉田の主張は,今もドキュメンタリー番組の組織的な位置づけと制作者の意識の底流として生き続けていると思われる.

§3　政治権力とテレビドキュメンタリー

ベトナム海兵大隊戦記の衝撃　NHKの『日本の素顔』の開始から5年後の1962年,日本テレビの『ノンフィクション劇場』が始まった.民放初の本格的ドキュメンタリー番組を生み出したのは,民放のもつ制約条件に屈しない牛山純一の執念だった.

1953年に入社し政治部記者としての経験を積んだ彼は,『日本の素顔』に強

い興味を抱きつつ，人間を描くことに焦点をあてたドキュメンタリー番組を『ノンフィクション劇場』という魅力的なタイトルで成立させた．新進の映画監督たちの演出によるフィルム構成であったが，番組の視聴率が悪く4カ月，12回で打ち切りとなった．ところがこの年のカンヌ映画祭で，第2作の西尾善介演出による「老人と鷹」がグランプリを受賞した．これは，山形県の無形文化財の鷹匠が野生の鷹を狩猟に使えるように訓練する孤独な戦いを鮮烈な映像で描いた作品だった．牛山はこの国際的な評価を支えに，約1年後に『ノンフィクション劇場』を再開させる．西尾演出の「軍鶏師」，池松俊雄演出の「サリドマイド禍を救う——愛の手術」，在日朝鮮人の傷痍軍人を取り上げた大島渚演出の「忘れられた皇軍」などいずれもドキュメンタリーに新風を吹き込む個性的作品だった．

しかし，4年目の1965年転機が訪れる．牛山を含む3人の日本テレビのディレクターは，戦争が激化する南ベトナムを5週間にわたり命懸けの取材をし，"ベトコン"掃討作戦の実態を記録した『ベトナム海兵大隊戦記』を制作した．このナレーションは，番組制作者が掃討作戦を指揮した米軍中隊長に「自分の受けた心の衝撃を貴方に伝えたい」と語りかけるという緊迫感のこもる設定だった．3部構成の予定の第1回の放送の中に，若い兵士が"ベトコン"として捕らえられた少年の生首をぶらさげて歩くシーンがあった．この放送に対し，翌日内閣官房長官は日本テレビ社長にクレームをつけ，結果としてこの番組の再放送と第2部，第3部が放送中止となった．牛山はここでこの番組を降り，1966年から『すばらしい世界旅行』を制作することになる．そして1971年「日本映像記録センター」を創立し，異文化理解に役立つこの『すばらしい世界旅行』の他，科学・教養ドキュメンタリーの分野を開拓し，多くの制作者を育て，生涯で2,500本のドキュメンタリー番組をつくった．その原点となった『ノンフィクション劇場』は1968年まで続くが，『ベトナム海兵大隊戦記』をめぐる政治的介入の衝撃は，その後の政治とテレビの力関係に強い影響を与え，NHK・民放のドラマ・報道を含む政治的な番組中止事件が相次ぐことになっ

た.

ドキュメンタリーの転機・TBS 成田事件　1968 年に起こった TBS 成田事件は,『ベトナム海兵大隊戦記』中止に見られた政治と放送の緊張関係をさらに強め, 戦後の放送の流れの大きな転機となった.

1960 年代は, 日本テレビを追うように, 1962 年 TBS 系の『カメラルポタージュ』, 1963 年 NHK の『新日本紀行』, 1964 年フジテレビ系の『ドキュメンタリー劇場』, NHK の『日本の素顔』をひきつぐ『現代の映像』, 1968 年の東京 12 チャンネル（現テレビ東京）の『ドキュメンタリー青春』の開始などドキュメンタリー番組がひしめく状況があった[7]. その中で TBS が 1966 年に始めた『現代の主役』は, 1967 年の建国記念日を前に, 萩元晴彦の制作した「日の丸」を放送した. これは, 街頭で 800 人以上に同じ質問をぶつけるインタビューの手法で日の丸についての意見を集めたものだったが,「日の丸の尊厳を犯すもの」という視聴者からの抗議を受け, 政府の調査に対し TBS 社長は遺憾の意を表明した. この数カ月後, TBS の田英夫キャスターは北ベトナムのハノイを西側記者としてはじめて取材してその結果をニュースで放送し, さらにプロデューサー村木良彦が取材フィルムを 45 分に構成した「ハノイ田英夫の証言」を放送した. TBS 社長はこの番組について自民党幹部から呼び出され厳しく批判された.

翌年 3 月, 成田新国際空港の用地をめぐる空港建設公団と農民・学生の反対同盟の対立が激化し, 警官隊との衝突が起こっていた時に, TBS のカメラルポタージュのクルーが取材車に農民とプラカードを乗せ, 検問でこれがみつかる事件が起こった. 担当ディレクターは, 反対同盟がマスコミの取材拒否を続けるのに焦りを感じ, 車の同乗を頼まれたのを取材に利用しようする意図があった. 自民党参議院議員総会の席上,「報道機関が学生の暴力行為に加担する動きには断固たる処置をとるべし」と首相に申し入れる決議が行われ, TBS は「不偏不党という会社の方針に反した」として関係者全体の処分を行った. たまたまこの処分と同時期に, 会社側がしばしば社会的波紋を招く制作

者とみていた萩元晴彦と村木良彦の配置転換の辞令が発令されていた．これらの会社側の措置に対して報道局員と労働組合，そして外部団体も参加する反対運動が起こった．ここで，自民党の批判の的だった田英夫キャスターが突然番組を降りることを自ら発表し，労使の対立は成田問題，制作者の人事異動，キャスターの降板をめぐる紛争に拡大した．

　TBSは，翌年番組制作の管理体制の強化のため，『カメラルポルタージュ』などすべてのドキュメンタリー，ニュース以外の生放送番組，そしてラジオの『ラジオスケッチ』の廃止を決定した．また，萩元，村木らはTBSを退社し，11人の仲間とともにプロダクション「テレビマンユニオン」を創立することになった．

　この時点でのTBSのドキュメンタリーの全廃は，大量消費，経済重視，視聴率重視の傾向が強まる時代の流れの中で，ドキュメンタリーの"冬の時代"を引き寄せることになった．ドキュメンタリーは深夜などに追いやられ，扱う主題にも自己規制が強まり，自由奔放な企画は影を潜めていった．しかし日本ではじめての放送専門のプロダクションの創設は，相次いでプロダクションが生まれる契機となり，日本の番組制作体制を社員中心から外部労働力への依存体制への転換の道を開くことになる．

§4　社会と技術とテレビの変化の中で

　逆風の中の輝き　番組に対する政治的規制と制作体制の管理強化が広まる中で，1970年代はじめに番組全体のカラー化が完了し，さらに制作面での技術革新も進んだ．

　1958年にTBSのドラマ『私は貝になりたい』ではじめて使われたVTRテープは1式は2,500万円，2インチ幅でカミソリ編集の時代だった．1963年世界初の宇宙中継がケネディ暗殺を伝えた年に開発された電子編集はすぐ自動編集装置となり，1970年代に入って1インチVTRが出現した．取材用では，1972年にTBSの超小型ハンディカメラが田中角栄首相の中国訪問を自在に追

い1975年の天皇の訪米では、ハンディカメラと小型VTR（4分の3インチ）の組合わせによる映像が衛星伝送を競った．この小型VTRを速報の武器にしようとしたアメリカのCBSは，ソニーに対し16ミリフィルムと同程度の画質にすることを求め，世界的にENG時代が始まった．ENGはテレビの取材力を一変させる力をもっていた．これと平行して同時録音型16ミリフィルムカメラの小型化・軽量化が進んだ．またVTRの編集が本格化し，タイムコード(カットごとに位置を数字で書き込む) の開発により，オフライン編集とオンライン編集の分離が進み，民間の編集プロダクションが生まれた．また衛星通信の拡大は国際的な取材を容易にした．こうした技術革新の成果は，ドキュメンタリーの発展にとってチャンスのはずだったが，結果的に生放送のニュース，ワイドショーの武器となり，また情報バラエティなどの拡大に役立つものとなった．

　ドキュメンタリーは，制作者が時間をかけ手間をかけて対象と対話することが必要で，視聴率目当てだけではつくれない番組だった．そして社会的には，市民生活のためにじっくりと調査し監視し分析しなければならない主題が増加していた．1970年代以降この主題に立ち向かい，環境破壊，人権侵害，原爆問題について目をそらさずに番組をつくったのは全国の地方の放送局だった．

　RKB毎日放送のプロデューサー木村栄文は，1970年以降，水俣病を描いた石牟礼道子原作による「苦海浄土」，鉛中毒患者の零細工場主を取り上げた「鉛の霧」，知的障害の長女の成長過程を撮った「あいラブ優ちゃん」，戦前軍部を批判した反骨のジャーナリスト菊竹六鼓を描いた「記者ありき」，戦争に対して対照的な生き方をした藤田嗣治と坂本繁二郎を題材にした「絵描きと戦争」，そして在日韓国・朝鮮人問題の3部作「鳳仙花」，「草の上の舞踏」，「ふりむけばアリラン峠」などにより，芸術祭大賞など数々の賞を獲得し，全国の制作者を勇気づけた．その制作活動は，近年の九州・沖縄・山口のブロック8局の共同制作「電撃黒潮隊」まで続いている．

　戦後20年，25年，30年という節目では，広島テレビの原爆孤児の生き方を追った「広島に生きる」，中国放送の「20年目の証人・原爆小頭児」，そして

長崎放送の"原爆ドキュメンタリー"の「第11医療隊」「赤絵旋風」，そしてNHK長崎放送局の継続的な取材の成果は国内国外で反響を呼んだ．また1972年，富山テレビなどフジテレビ系中部7局の「自然保護キャンペーン」は環境問題の本格的な番組の先駆けとなった．

また1970年以降，NHKの『現代の映像』の「チッソ株主総会」，テレビ熊本の公害特集，『NNNドキュメント70』の「公害とのたたかい」，「苦海巡礼～東京から水俣へ」などはメディアから無視されていた水俣病報道への新しい取組みとなった．現在まで続く日本テレビ系の『NNNドキュメント』シリーズは，『ノンフィクション劇場』の新しい展開としてこの時点に始まり，地方局の制作参加によって支えられてきた．サリドマイド児の成長を追った「君は明日を摑めるか　貴くんの4745日」(1975年)は日本初の国際エミー賞の受賞作品となった．

この時期，東京キー局の視聴率競争は激化の一途をたどり，民放の定時番組のドキュメンタリーはほとんどは姿を消したが，シリーズや単発企画として，国際的な取材や長期取材によるスケールの大きいドキュメンタリーがつくられた．

民放キー局では，系列局の参加で世界的な農業問題を追った「天ざる一枚」(1975年)，地震災害問題の「巨大地震」(1979年いずれもTBS・JNN)，東京オリンピックの年に生まれた三つ子を25年かけて追う「がんばれ太・平・洋」(1980年，日本テレビ)などがあった．プロダクションとして自立した創造を目指したテレビマンユニオンは，風景と会話が重なる旅番組『遠くへ行きたい』(1970年)，音楽家を記録する『オーケストラがやってきた』(1972年)など新しい情報分野の開拓に成功した．今野勉演出の『欧州から愛をこめて』(1975年日本テレビ系)は敗戦前夜の和平工作を進めた海軍武官を主人公とし，ドラマの中にドキュメンタリー手法を大胆に持ち込み，さらに史上初の3時間ドラマとして業界を驚かせた『海は甦える』(1977年)，森鷗外を描く『獅子のごとく』(1978年・いずれもTBS)など歴史に挑戦するドキュメンタリードラマを成功さ

せた．

　NHK は 1974 年，『未来への遺産』の「壮大な交流——シルクロード」（吉田直哉演出）など人類の史跡から未来を探る 17 回シリーズをつくり，さらに 1973 年に報道局，教育局，芸能局から独立の NHK スペシャル班が組織され，プロジェクトチームによる番組として 1976 年『NHK 特集』を開始した．第 1 回「氷雪の春〜オホーツク海沿岸飛行」はセスナ機に小型 VTR を乗せて流氷を空中撮影した初の VTR 構成だった．これはこれまで長年にわたりフィルムを主流としたドキュメンタリーが，はじめて VTR によってより簡易にドキュメンタリーをつくる時代の幕開けとなる番組だった．毎週 1 回から 2 回となった『NHK 特集』は 1984 年に週 3 回の放送となり，NHK の顔として 13 年間続き，1,378 本がつくられた．現在の『NHK スペシャル』は，この『NHK 特集』の実績を生かす番組として 1989 年に生まれたものである．

§5　テレビドキュメンタリー番組制作の現状

　　企画を通すまで　　ドキュメンタリー番組の制作作業の手順は，一般には以下のようなものである．

　① 調査・企画，② 取材交渉，③ 取材・ロケ，④ VHS 落とし（収録テープを素材用と編集用の 2 本にコピー，時間表示を入れる），⑤ プロデューサーとディレクターによるプレビューと粗構成の決定，⑥ オフライン編集（使うカットの長さを決め，1 本の番組にする），⑦ 構成の決定，⑧ オンライン編集（オフライン編集のデータを元に素材用テープを再生し別のテープにコピー），⑨ ナレーション原稿作成，⑩ MA（音楽など音入れ作業）とナレーションどり，⑪ スーパー入れ（画面に重ねる文字原稿をつくり，番組として完成する）

　この各ステップのスタッフは，一般的にはプロデューサー，ディレクター，アシスタントディレクター，カメラマン，照明，編集技術者が中心であるが，構成作家，作曲家，選曲者が入る場もある．民放の地方局では，ディレクターとカメラマン 2 人だけの場合も少なくない．

時間の掛け方として重要なのは，①調査・企画，次に②取材交渉であり，最もエネルギーを掛けるのは③取材・ロケである．かつてのNHKの『現代の映像』では，「調査4週間，撮影2週間，編集完成1週間，休暇1週間」というパターンがあったという[8]．しかしドキュメンタリー番組にとって最も重要で難しい仕事は①で固めた"企画を通す"ことである．NHKスペシャルや『NNNドキュメント』シリーズであれば全国から寄せられる企画の選別の競争に勝ち抜く必要があり，定時の枠のない民放キー局ならば，編成担当者が時間どおりに動いてくれなければなにも始まらない．そのためには企画書が重要である．企画書の善し悪しは最初の3行で決まるといわれる．それは頭でぼんやりと考えていて書けるものではなく，自分の見たこと，聞いたこと，そこから生まれた問題意識によって内容を伴うものになる．しかし現在企画が通るためには，優れた企画書と同時に，それを書いた人の実績や経験がものをいう場合が多い．ドキュメンタリーは1本1本が経営的にも社会的影響の点でもリスクをともなうと考えられているからである．

　筆者の取材では，大学を出てドキュメンタリーや情報系番組の制作会社の契約者として8年になるディレクターはこう語った．

　「最初1年半はほとんど無給で手伝いをやり，社のプロデューサーから信頼されて契約者のADとなり，局のプロデューサーからも"ちゃん"づけで呼ばれるようになってからプロデューサーの意図に沿って何本も企画を出した．5年目に出した企画が通ってディレクターとなり，それがまずまずの反響だったのでそれ以後，毎年1本ぐらいシリーズの中の企画が採用されるようになった」．

　すでに優れたドキュメンタリー番組で数々の賞をえている民放地方局の制作者の場合も，社内で企画を通すのは簡単なことではない．まずニュースのコーナーの企画で何度か取材をし，その素材が好評ならば30分のローカル枠の番組として反響を見る．社内外でその反響がよければ，中央の公共的な団体の企画募集に応募し，企画が入賞すればそれでえた制作費で長時間の本格的ドキュ

メンタリー作品に仕上げる．その結果中央で賞のひとつでもえられれば，それを翌年の企画実現の説得材料として活用する．これは，ベテラン制作者が語る地方局のドキュメンタリーの灯を消さないための典型的な工夫である．

　ドキュメンタリーとやらせ　1970年代以降の生ワイド放送の拡大の中で，1980年，テレビ朝日のアフタヌーンショーの「激写！　中学女番長!!　セックスリンチ全告白」の暴力を振るう場面がディレクターの指示による"やらせ"だったことが分かり，ディレクターは逮捕され，懲戒解雇となった．続いて1992年，大阪朝日放送の情報番組の取材対象，読売テレビのバラエティの中のインタビュー回答者がいずれも依頼された演技者だったという事例が2つ続き，郵政省は行政処分の可能性を示唆した．その翌年2月3日，『NHKスペシャル』の「禁断の王国・ムスタン」について，朝日新聞が「主要部分やらせ・虚偽」という記事を書いた．

　「元気なスタッフに高山病の演技をさせたり，がれきが転げ落ちる流砂現象をわざと起こしたりして制作した」，また「雨は3ヵ月間1滴もふっていない」，「少年僧の子馬が死んだ」はいずれも事実でない，という内容だった．これに対しNHKは，事実との相違，いき過ぎた表現の存在を認め，会長が放送を通じて陳謝した．

　この時新聞は"やらせ"が視聴者の放送への信頼を裏切るものとして厳しい批判を前面に出した．しかし制作者にとっては，ドキュメンタリーにおける演出をすべて否定することは納得し難いことだった．吉田直哉は後にこの事件に触れ，『日本の素顔』の「次郎長と日本人」は打合せをして何度も同じことをやってもらったとして，「こうした仕込みをやらせというならば隠し撮りしかできない．"事実の再現"と"隠し撮り"では"隠し撮り"のたれ流す害毒の方がはるかに大きい」と述べている．2003年，今野勉はテレビマンユニオンのゼミナール「ドキュメンタリーにおける演出の今日的問題とは」で以下の趣旨を語った．「ひとつは再現．俳優による再現が当たり前になってきた．次に"仕掛け"．つくり手が相手になにかを仕掛けてドキュメンタリーにする方法．

ガチンコクラブなど，プロボクサーに挑戦までの過程が本当か演技か分からない．3つ目がデジタル技術による合成とCG．カメラでとらえられない宇宙をCGでの再現が国際的なドキュメンタリー映画祭に出されている．これらは変化であり進化だが，制作者としては，この映像はどうやって撮ったかが問題になるような映像は，撮り方について番組の中で開示し，撮られた過程を透明にすることが求められる時代になった．今後はCGなど密室の作業になり，やらせや再現の抑止力がひとりに任せられる．自分が本心からやりたい，伝えたいということがあったら，何だってやっていいんだという覚悟が必要だ」．

安間総介は，同じこのゼミの席上「演出の許容度についてこれまでの新聞・雑誌の意見をまとめてみると『一切虚構を交えない』から再現の積極的肯定まで6つに分けられ，一番多かったのが『演出や表現手段は真実を伝えようとする制作者の判断にまかせられる』だった．"真実"と"制作者の判断"がキーである．海外7カ国のドキュメンタリー制作者の調査の時は，タイミングを重視するニュースドキュメンタリーとその他（科学，美術，自然など）に分けてきいたが，前者については想像以上に厳しい意見だった．私は1972年の『空白の110秒』のJALの墜落原因の追及では，音以外はつくりものの映像で，1984年の『核戦争後の地球』では論文を映像化した．核になる真実が通っていることで刑務所の内側に落ちなかった．制作者の視聴者への説明責任はデジタル時代になっても変わらないと思う」．

　テレビドキュメンタリーの未来は？　2003年にはじまった地上放送のデジタル化は，新たに巨大な設備投資を必要とする．収入はあまり変わらないので，NHKと民放の経営の基礎を揺るがす可能性がある．その中でテレビドキュメンタリー制作者はこれまで以上に苦しい条件に置かれることが予想される．行政当局はすでに，地方局が経営破綻に陥った場合の救済策のための法的な制度を検討している．すべての局で，今後の経営見通しをたてるために制作費の大幅削減が急激に進められている．また2003年10月に発覚した日本テレビのプロデューサーによる視聴率調査世帯の買収事件は，視聴者の信頼感を大きく

損なった.

　テレビドキュメンタリーの展望を切り開き，その役割を強めるためには，テレビドキュメンタリーだけの問題としてでなく，デジタル時代における地上放送そのものの公共的な役割の再発見が必要である．そして，それが可能となる土壌は存在している．

　1980年から23年の歴史をもつ「地方の時代」映像祭は，一昨年中断したが，昨年川越市と東京国際大学の参加をえて昨年復活した．これまで全国から2千数百本を越える作品の参加をえた地域ドキュメンタリーの最も権威ある映像祭は，高校生など市民の参加もえて再生し，来年は参加作品3千本に達する25周年を迎えようとしている．

　また2003年，地方局の自主制作の番組を上映し，新しい視点による番組コンクールを行った「第1回地域のテレビ番組を語ろう・全国フォーラム in 横浜」（主催　横浜市，放送番組センター，「放送人の会」）は，ふだんの放送で視聴者の支持の高い自主制作番組に焦点を当てたはじめてのフォーラムで，制作者の論議は白熱した．共通していたのは，地域の現実と向かいあい，地域の視聴者とじっくりつきあう姿勢だった．「旅でもグルメでも地域の人間を描いている」「地域の経済を応援するが，自治体の公害や原発行政とは対決してきた」「ふつうの人の思い出を掘り下げる話題が戦後史になる」「中央の娯楽にない市民の怒りや涙を伝えてゆく」．またこのフォーラムでは，熊本における市民ディレクターの組織化と，その地域の足元を掘り下げるレポート番組も注目された．

　デジタル化による技術革新は，本稿の「小さな留学生」で見たように制作手段の簡易化，低廉化を生み，素材の蓄積と編集技術の進歩は進んでいる．また，インターネットはいまやマスコミの及ばないジャーナリズム機能を発揮している．地上テレビは，こうした市民と放送局の力を総合化し発展させる役割を担うことができる．テレビドキュメンタリーが，この公共的なジャーナリズムの役割を最も凝縮した表現手段として発展し続けることを期待したい．

（田原　茂行）

注）
1）ブリタニカ国際大百科事典「映画」
2）横山隆晴「されどテレビの持つ使命の重さ」『TBS新調査情報』48号
3）萩元晴彦『萩元晴彦著作集』郷土出版社　2002年
4）このラジオ番組のタイトルがNHKのテレビドキュメンタリー番組との一致についての興味深い研究として，2000年の東京大学大学院崔銀姫学位論文がある．
5）吉田直哉『映像とは何だろうか』岩波書店　2003年
6）「放送人の会」主催研究シリーズパンフレット「吉田直哉と石川甫の世界」1999年
7）田原総一朗が中心的スタッフ．
8）鈴木肇『TVドキュメンタリスト』アートダイジェスト　2000年

参考文献
日本放送協会編『20世紀放送史　上下』日本放送協会　2001年
日本民間放送連盟編『民間放送50年史』日本民間放送連盟　2001年
吉田直哉『映像とは何だろうか』岩波書店　2003年
萩元晴彦『萩元晴彦著作集』郷土出版社　2002年
田原茂行『テレビの内側で』草思社　1995年

第二部

放送の構造

VI 放送産業の構造

§1　2項並立構造の放送産業

　日本の放送産業の構造は，さまざまな2項並立の組み合わせによって形成されている，といえる．たとえば公共放送と商業放送，全国放送と地域放送，放送局と番組制作会社，法規制と事業者自主規制，地上波放送と衛星放送，放送施設所有の放送事業者と非所有の委託・受託放送事業者（ハード・ソフトの一致/分離），アナログ放送とデジタル放送──．各並立内の項同士の競合と連動，そして，幾つかの並立が織り成す複合的関係で，日本の放送産業構造は形づくられている．もちろん必ずしもここにいう2項並立という括りに馴染まない要素も，数多くある．民放の産業構造に大きな影響力をもつ広告主の存在も，そのひとつだ．放送機器メーカーも，そうだ．また，放送事業者の財源方式は，受信料・広告収入・有料収入の3項並立である（放送大学学園の国庫負担方式を除く）．だが，放送産業のごく大枠の構造は，ここに挙げたような2項並立群によって構成されていることは，間違いない．これら2項並立群に，その時どきの経済・社会状況，視聴者ニーズ，放送技術，番組編成・演出手法等々の構造

規定要素が重なり，影響しあって，日本の放送産業は成立しているのである．

　本章では，前記2項並立群に焦点を当て，各並立内の競合・連動と並立群間の相互関係について稿を進め，日本の放送産業構造を明らかにしていきたい．ただ，本書の構成から，本章はこれに続く各章の概論を兼ねるものであり，以下の各節で扱う内容は，次章以下の各章（7～9章）の内容と重複するところがあることを，予めご了承していただきたい．

§2　公共放送と商業放送

　「情報の多元化」の実現　　マスメディアの社会的使命は，究極において「情報の多元化」の維持・拡大にある，といえる．テレビ放送に例をとれば，テレビが人びとに提供する番組ジャンルは，娯楽番組，教養・教育番組，報道番組，生活情報番組と，多種多様である．それぞれの番組ジャンルが視聴者に及ぼす心理面・行動面の作用もまた，多種多様である．ただ，この多種多様な作用ないし機能も，社会的レベルに収斂していえば，情報の多元化ないし多元化状況の実現ということばで括ることができよう．情報の多元化とは，さまざまな価値観・主義に基づく情報が常に社会にフローし，人びとがさまざまな問題に対する自己の考えを確立する際の基礎的判断資料としてその情報を活用する状態をいう．こうした社会的機能をもつ番組といえば，第1にニュース・報道番組やドキュメンタリー番組がイメージされそうだが，情報の多元化機能はこれらの番組の独占物ではない．ドラマやバラエティー番組，旅番組，音楽番組なども等しくもっている．そして，このことはテレビに限らず，ラジオ，新聞，雑誌など他のマスメディアにも共通することは，いうまでもなかろう．新聞の使命も，政治記事や社会ニュースなどのいろいろな記事を通じて，情報の多元化に奉仕している．

　放送メディアにおいて，この情報の多元化を最も効率的に実現する制度的なシステムのひとつが，公共放送と商業放送の二元体制であり，次節で述べる全国放送と地域放送の並立体制である．

現在世界の放送は，公共放送（公共事業体による放送）と商業放送（商業事業体による放送）の二元体制が大勢となっている．日本は1950年4月，電波法・放送法の成立とともに，それまでのNHK単独時代に終止符が打たれ，公共放送（NHKラジオ）と商業放送（民放ラジオ）の二元体制に移行した．この二元体制は，1953年にスタートしたテレビ放送にも引き継がれた．

　放送事業における公共――商業の二元体制は，日本が世界に先駆ける形となった．1955年に商業テレビを開始したイギリスを除き，長らく公共放送単独体制を伝統としてきた西欧では，イタリアが1970年代後半から，フランスとドイツ（旧西独）が1980年代半ばから商業放送を導入し，二元体制に移行した．また，商業放送が高度に発展していたアメリカでは，1969年，非営利のテレビ局への番組調達，伝送を担当するPBS（Public Broadcasting Service）が設立され，公共放送システムが確立された．アジア諸国でも，現在では二元体制が大勢となっている．

二元体制のメリット　二元体制への移行の狙いは，国によって異なる．たとえば，日本は民主主義の育成を"フリーラジオ"（民放ラジオ）開設の主たる狙いのひとつとしていた．また，フランスやドイツは広告メディア育成による経済振興を，民放導入の目的のひとつとしていた．

　だが，近年二元体制が世界の大勢となってきた要因は，別に考えられる．人びとの多チャンネル化欲求（モア・チャンネル欲求）の高まりである．公共放送優位の国にあっては，「お堅い番組」中心の公共放送に飽き足らなさを覚え始めた人びとの商業放送チャンネルへの欲求，また，商業放送優位の国にあっては，視聴率主義が覆う商業チャンネルには期待できないマイノリティー向け番組や視聴率とは無縁な良質番組への欲求である．フランス・ドイツは前者の，アメリカは後者の典型例である．

　公共――商業の二元体制の意義は，つまるところ，公共放送と商業放送の相互補完による「情報の多元化」の維持，促進にある．多様な情報が安定的・継続的にフローする情報の多元化状況を実現するうえで，公共放送と商業放送が

競争と同時に，互いの足らざるところを相補うこの補完関係は，きわめて効率的なシステムである，といえよう．

なお，以上の記述では，公共放送＝NHKという形で扱ってきたが，正確には公共放送はNHKのほかに放送大学学園を加えるべきかもしれない．同学園は1981年6月に成立した放送大学学園法により設立された特殊法人で，1985年4月から放送による授業を開始した．学園と放送局の運営は国庫により賄われている．本稿では，同学園は「放送産業」という観点には馴染まないため，記述対象から除外した．

§3　全国放送と県域放送

NHKと民放の分業体制　NHKと民放を基軸とする公共——商業の二元体制は，地上波放送については，NHKが全国放送を中心に担い，民放が地域（県域）放送を分担する"分業体制"を基本にしている．NHKの目的を定める放送法第7条は，「協会は，公共の福祉のために，あまねく日本全国において受信できるように豊かで，かつ，良い放送番組による国内放送を行う」としている．この規定では，NHK＝全国放送という図式は明確には示されていない．現実に，NHKは各地の主要放送局を拠点に，地域放送を行っている．だが，民放が一部の地域を除き，原則として県域を放送対象地域にして放送免許を付与されていること（「放送普及基本計画」第1の3など）との対比で，NHKの地上波における主要業務は全国放送である，といって差し支えない．全国放送をNHKが，地域放送を民放が，それぞれ分担し，車の両輪の如く相互補完して日本の放送を発展させる，つまり，情報の多元化を図るというのが，放送法等の立法者の期待であったと推測される（民放＝地域放送という図式の法的根拠の詳細については，第9章を参照）．

民放テレビ・ネットワークの機能　立法者の期待はさておき，民放を地域放送中心としておくことは，経営的に見て現実的ではない．民放テレビ・ネットワークは，大きくは以下に挙げる3つの理由によって，いわば必然的に形成

された．

① 報道メディアとして，全国各地に取材網をもつNHK，新聞（全国紙）に対抗していくためには，全国性が不可欠要素となる．全国各地の局との連携（ニュース素材の交換）による速報性の追求，大事故・事件時の共同取材による報道力強化は，電波メディア・映像メディアとしての特性をより発揮するうえでも必要である．大事故・事件の報道に限らず，全国各地の町の話題や四季折々の催事などを，可能な限りカバーしあうことも，報道メディアとしては重要である．

② 番組制作条件に恵まれない地方局がNHK番組に対抗するためには，条件に恵まれた東京や大阪のテレビ局との連携が必要となる．たとえばドラマ番組の制作一つとっても，地方局が地元で役者や脚本家などを確保することは事実上不可能である．東京や大阪から人材を求めるとなると，制作費の高騰を免れない．

③ 上記①②などの活動を支え，安定した経営を確保するためには，広告メディアとしても全国性を確保し，潤沢な広告費を持つナショナル・スポンサーを獲得していくことが必要である．市場の小さな地域にある地方局が，地元営業だけですべての経費をまかなうことは，事実上不可能であり，東京キー局も広告メディアとしてのスケールメリットは不可欠である．

民放テレビのネットワークは，以上のような諸要請から必然的に形成されたものである．したがって，公共——商業二元体制の一方の車輪は，このテレビ・ネットワークによって支えられているといえよう．

ネットワークの現況 民放テレビ・ネットワークは現在5系列がある．1959年に東京放送（TBS）をキー局とするJNN（Japan News Network）が正式にスタート，他のNNN（日本テレ系列，Nippon News Network），FNN（フジテレビ系列，Fuji News Network），ANN（テレビ朝日系列，All-Nippon News Network）も同時期に実質的に発足，1983年にはテレビ東京をキー局とするメガTONネットワーク（現TXN）がスタートした．各ネットワークの2003年12月末現

在の加盟局数は，JNN＝28，NNN＝30，FNN＝28，ANN＝26，TXN＝6，である．

テレビ・ネットワークは，報道協定を中核に，通常の番組に関する協定，営業に関する協定等々，さまざまな協定を締結し，一種の運命共同体的な緊密関係を形成している．

テレビ・ネットワークが民放テレビ，ひいては日本のテレビ放送の発展に大きな役割を果たしてきたことはまぎれもない事実だが，一方で，加盟局，ことに地方局の経営は，番組面，営業面双方でネットワークに依存する度合いが強く，その依存体質からの脱却が民放テレビ界の課題の一つとされている．地域メディアとしての本来の活動が不十分との批判は，このテレビ・ネットワークに常につきまとうものである．地方局の全番組に占めるネットワーク番組の割合は，局の番組制作能力によって開きがあるが，平均して80〜90％程度であり，全収入に占めるネットワーク収入（キー局の一括セールスによるネットワーク番組の放送に伴う配分収入）の割合は，概ね30％前後の局が多い．後述する衛星放送の成長やインターネット放送の登場など競合メディアがひしめく今後，このネットワーク依存体質の改善は，地方局にとって喫緊の課題といえる．ことにBSデジタル放送のように，その経営財源を地上波放送と同じ広告費収入とする新しいメディアの成長は，地方局の経営に直接的なダメージを与えることが懸念されている．

ラジオ・ネットワーク　ラジオは番組制作費が比較的低コストですみ，経営も身軽なため，テレビのような常設のネットワークを必要性としなかった．プロ野球のナイター中継を適宜ネットする以外，地域放送活動だけで，十分に番組活動も経営も成り立ってきた．

だが，ラジオ（AMラジオ）も1965年，テレビ放送の成長を主要因とする経営苦境の打開策のひとつとして，ネットワークを創設した．TBSラジオを中核局とするJRN（Japan Radio Network）と，ニッポン放送と文化放送を中核局とするNRN（National Radio Network）がほぼ同時に結成され，番組強化と経

営の合理化の柱となった．両ネットワークはラジオ復活に貢献するとともに，その後も中波ラジオの協力体制強化に大きな役割を果している．また，FM放送でも，1981年にエフエム東京を中核局とするJFN（全国FM放送協議会），1993年にエフエムジャパンを中核局とするJFL（ジャパンエフエムリーグ）が，それぞれスタートした．1999年には，外国語FM局を結ぶMEGA-NET（メガポリス・レディオ・ネットワーク）もスタートしている．2003年12月末現在の各ネットワークの加盟局数は，JRN＝34，NRN＝40，JFN＝37，JFL＝5，MEGA-NET＝4，である．このほか，どのネットワークにも属さない局が，中波で3局，FMで7局，短波放送で1局ある．

なおラジオのネットワークは，次の2点でテレビのネットワークと性格が大きく異なっている．

① ラジオのネットワークは，東京の局が制作し，ネット回線を通じて供給する番組を，加盟局が自局で放送したい番組だけを随時受けて放送するシステムが主流である．一方，テレビのネットワークでは，ネットワーク番組は原則としてすべて同時放送することを義務づけられ，運命共同体的な強い拘束力を特色としている．

② 中波のネットワークでは，ほとんどの局がJRN，NRN両方のネットワークに加盟している．クロス・ネットワーク局である．これは，大都市圏以外の地方では中波ラジオ局が1県1局であり，同一エリア内で放送重複という事態が生じないという置局状況を利用し，クロス加盟のメリットを生かそうとするものである．

§4 放送局と番組制作会社

番組の外注化　放送局の番組は，3つの方法で調達され，編成されている．自社制作番組，ネット番組，購入番組の3つである．ネット番組とはいうまでもなくネットワーク番組のことであり，購入番組とは，通常，自局が所属するネットワーク以外の局や番組制作会社から買い付けて放送する番組である．問

題は，自社制作番組である．これには，自局の社員スタッフが中心となって制作する文字通りの自社制作番組と，外部の番組制作会社に制作を発注して調達する番組の2種類がある．後者は，外注番組といわれる．この3つの番組が局の番組表に占める割合は，テレビとラジオ，キー局とネット局でそれぞれ異なる．以下，テレビのキー局（在京局）の場合について，見てみよう．

　テレビ・キー局では，ネット番組即自社制作番組であり，購入番組は一部の外国製番組とオリンピック関連の特別番組など一部を除けば，基本的にはゼロである．したがって，自社制作番組が番組表の大部分を占める．ただ，自社制作番組内における外注番組の割合は，時代とともに変化している．端的にいえば，外注番組の割合が増加の一途を辿ってきたのが，ここ30年の民放テレビ界の歴史である（以下では，自局スタッフ中心の制作番組を自社制作番組と記述し，外注番組と区別する）．

局系番組制作会社の登場・成長　番組の外注そのものは，テレビ放送の開始当初から存在した．映画会社がその役割を担っていた．その後1961年に国際放映がテレビ番組制作専門会社第1号として登場し，1960年代を通じて，映画会社ないし国際放映のような映画会社系番組制作会社が外注番組の供給源として機能した．ただし，番組全体としてはテレビ局の番組制作力の向上に伴い，自社制作番組が質量とも比重を増した．外注番組は，局の番組編成においてはあくまで補助的な存在であった．

　この補助的存在の外注番組が，現在のようにテレビ番組の最大供給源として大きな位置づけを確保する契機となったのが，1970年に登場したテレビマンユニオンやテレパックなどに代表される局系番組制作会社の登場である．これら制作会社の多くが，テレビ局の出資支援をえて設立されたこと，テレビ局の社員が退社して設立したことから，「局系」といわれる．この局系番組制作会社は，映画系制作会社の番組がフィルムを素材としていたのに対し，ビデオテープを素材とした．ビデオテープを素材とすることから，ビデオ系番組制作会社ともいう．

これらビデオ系番組制作会社は，斬新でユニークな番組，また，小型軽量な電子取材システムの ENG (Electronic News Gathering) を駆使した機動的な番組制作で，徐々に民放テレビ界における比重を増していった．1982年3月には，主なビデオ系番組制作会社が「全日本テレビ番組製作社連盟」(ATP)を設立(1986年5月，社団法人化)した．2003年7月現在，正会員73社，準会員12社の規模に成長している．著作権問題や番組制作条件の改善など，業界発展にかかわる重要な諸問題に取り組むとともに，優秀番組顕彰(ATP賞)など番組制作向上のための諸事業を展開している．

　番組制作会社の制作する番組が民放テレビ界に占める量的な割合は公表されていない．だが，実態に即していえば，番組制作会社がなければ民放テレビは成り立たないことだけは，確かである．最近では，これまで民間の番組制作会社に対して門戸を閉ざしてきたNHKも，番組制作会社と番組を共同制作したり，番組制作を発注している．番組制作会社は，放送事業者とともに，日本の放送産業を支える存在に成長したといえよう．なお従来，番組制作会社は受注産業として，テレビ局のいわば下請け的存在に終始してきたが，近年，独自に番組を企画・制作し，放送局に番組販売するケースも出てきている．放送施設なき放送事業者，といわれるゆえんである．

§5　法規制と事業者自主規制

　制度的メディア　「放送は制度的メディアである」といわれる．新聞や雑誌，映画といった他のマスメディアは，憲法あるいは民法や刑法といった一般法には服するものの，当該メディアを特別に規律する法規制とは無縁である．これに対し，放送は次のような法規制の下に置かれている．制度的メディアといわれるゆえんである．

　規制の中身は，大きく分けて2つある．第1点は，電波法に基づく免許事業であること，第2点は，ソフト（番組）の内容に関与する放送法という言論法をもっていることである．これは，放送が有限資源の電波（周波数）を使用す

VI 放送産業の構造

るメディアであること（周波数の希少性）と社会的影響力がきわめて大きなメディアであること，の2つの理由による．電波法と放送法は，この放送の特性を考慮し，さまざまな規律を設けている．

免許事業　放送局は無線局の一種である．したがって，放送局を開設しようとする者は，電波法により「総務大臣の免許を受けなければならない」（第4条）．有限の資源である電波は，効率的利用の確保を図る必要があること，また無線通信は，その使い方いかんによっては，人びとの生命，社会の安全，ひいては国の存立すら危うくしかねないほど社会的影響力が強大だからである（ちなみに「電波」とは，300万メガヘルツ以下の周波数の電磁波だが〈電波法第2条〉，放送に適する周波数は30キロヘルツから30ギガヘルツの間である）．社会的影響力は，公共性が高いということも含意している．

免許事業であることの関連で，2つの重要な規律がある．マスメディア集中排除原則と外国性排除原則である．前者は，民放についてなるべく多くの者に付与し，特定の者に放送局の経営支配権が集中しないようにすることが狙いであり，後者は，国家の安全という観点から，外国人ないし外国資本による放送局支配を制限する狙いをもつものである．このうち，外国性排除の具体的内容は，次のとおりである（マスメディア集中排除原則については，第7章参照）．

電波法第5条第1項は放送局の免許について，無線局の1つとして「日本の国籍を有しない人」「外国政府またはその代表者」「外国の法人または団体」等には無線局の免許を与えないとしている．これは，無線通信国家の安全に及ぼす影響力の大きさに配慮する趣旨であるが，放送局については更に，同条第4項で，外国人が保有を認められる放送局の株式を全体の20％未満とし，一般の無線局より厳格な免許適格条件を定めている．放送の，より大きな社会的影響力を考慮に入れた規制であることは，論をまたない．

免許事業の法的意味　放送が免許制度の下に置かれているということは，放送局は免許状記載事項の遵守義務（電波法第52条，第53条など）を負い，これに違反したときは「3カ月以内の無線局運用の停止」などの行政処分を受ける

(同法第76条)ということである．つまり，政府の強力な行政監督の下に置かれているということにほかならない．なお，後述する CS 放送の開始にともない新しく登場した委託放送事業者については，同事業者が自らは無線局を有しない事業形態をとることから，「免許」でなく「認可」制が採用されているが，その放送的意図は「免許」と同様である (放送法第52条の13第1項)．ただし，これも後述するように，近年顕著な放送と通信の融合化と，急激な多チャンネル化の進展は，既存の放送の概念 (定義) の曖昧化現象を促し，放送規制のありようにもさまざまな修正を迫りはじめている．この免許制度のあり方も，そのひとつである．なお，放送免許の有効期間は5年間であり，特段の不都合 (電波法，放送法違反等) がなければ免許は更新される (電波法第13条第1項)．

放送法による番組規制　放送が「制度的メディアである」とされるもうひとつの理由が，放送法の存在である．同法は，放送番組の内容に言及する条項をもっており，その意味で言論法的要素をもつ法律といえる．

　放送法はまず，第3条で「放送番組は，法律に定める権限に基く場合でなければ，何人からも干渉され，または規律されることがない」とし，放送活動が他のマスメディア同様，憲法第21条が謳う「表現の自由」の法理の下にあることを明らかにしている．だが，第3条に続く第3条の2は，その第1項で，「放送事業者は，国内放送の放送番組の編集に当たっては，次の各号の定めるところによらなければならない」として，①公安および善良な風俗を害しないこと，②政治的に公平であること，③報道は事実をまげないですること，④意見が対立している問題については，できるだけ多くの角度から論点を明らかにすること，と放送局が番組編集に際して守るべき4つの項目を掲げている．「番組編集準則」と呼ばれる規定である．そして，同条第2項は，「放送事業者は，テレビジョン放送による国内の放送番組の編集に当たっては，特別な事業計画によるものを除くほか，教養番組又は教育番組並びに報道番組及び娯楽番組を設け，放送番組の相互の間の調和を保つようにしなければならない」と規定する．「番組種目間調和原則」と呼ばれる規定である (ラジオは規定除外)．

放送事業者がこれらの規定に違反したときは，総務大臣により，3カ月以内の無線局の運用停止，違反の度がはなはだしい場合には免許の取り消し処分を受ける（電波法第7条第1項，第2項）．

既述したように，現憲法下で刑法や民法などの一般法以外に，こうしたソフト（番組）内容に介入する余地をもつ特別法を有するマスメディアは，放送だけである（正確にいえば，テレビ放送の補完媒体として登場したCATVも，放送法第3条の2第1項を準用する有線テレビジョン放送法第17条の1により，その番組編集が規制の対象とされている）．

放送事業者の自主規制　これまで放送に対する法規制を見てきたが，放送の規律は，電波法や放送法等の法規制のみでなされているわけではない．放送法も，本来は，放送事業者の自律によって放送を国民の福祉に最大限貢献させることを目的に制定された法律である．放送法の目的を定めた第1条第1号の「放送が国民に最大限に普及されて，その効用をもたらすことを保障すること」および第2号の「放送の不偏不党，真実及び自律を保障することによって，放送による表現の自由を確保すること」という規定における「保障する」主体は放送事業者である，と一般に解釈されている．また，放送事業者に課された「番組基準の作成と，同基準に基づく放送番組の編集」義務（第3条の3）や「放送番組審議会の設置と審議会意見の尊重」義務（第3条の4）などの規定は，放送法が事業者の自律的な業務遂行への期待を表明したものと解釈されている．

放送事業者はこれら放送法の規定を受けて，NHKは「国内番組基準」を，民放各局もそれぞれ番組基準を定め，番組考査やCM考査を行い，また，番組審議会の設置・運営を行うなど，自律的な活動を実施している．民放では，局ごとの番組基準のほか，日本民間放送連盟（民放連）の「放送基準」があり，同基準が民放連加盟全社の合意に基づく基本的基準として機能している．この民放連放送基準には，各局が依拠すべき報道や番組に関する規定のほか，CMについても詳細な自主規定が設けられている．

放送事業者の自律は，NHK，民放単独のものに加え，両者の共同による活

動もある．その代表的な活動が2003年7月に発足した「放送倫理・番組向上機構」（BPO：Broadcasting Ethics & Program Improvement Organization）の活動である．このBPOは，1969年6月に放送番組の向上を図る狙いでNHKと民放連が共同で設置した番組向上協議会と，1997年5月にやはり共同で開設した，放送番組に関する視聴者からの苦情対応機関「放送と人権等権利に関する委員会機構」を発展的に統合した組織である．BPOには，放送と人権等権利に関する委員会，放送番組委員会，放送と青少年に関する委員会の3つの委員会が置かれ，それぞれ視聴者からの苦情や意見を受け付け，審理し，必要に応じて放送局に対する勧告等の業務を行っている．NHK・民放共管の組織にはほかに，放送番組センターがある．1968年に設立され，1991年には，放送番組を文化財として収集・保存・公開する，日本唯一の放送法指定法人として「放送ライブラリー」（横浜市）を開設した．この文化活動も，放送事業者の自律活動の一環として捉えてよい．

　こうした常設の組織を通じた活動のほか，たとえば1996年5月にNHK，民放連共同の「放送倫理綱領」を制定するなど，放送番組基準を補完する活動も適宜実施している．

　電波法や放送法などの特別法による法規制と放送事業者の自主規制の2項並立による規律が，他のメディアには見られない放送の特色のひとつであることは疑いない．ただ，法規制に関しては，他の多くの分野同様，放送も規制緩和の傾向にある．既述の外国性排除原則にしても，また，マスメディア集中排除原則にしても，あるいは第7節で述べるソフト・ハードの一致原則にしても，順次規制緩和が進められている．放送のデジタル化や放送と通信の融合の進展に伴い，多メディア・多チャンネル化が一段と進む今後，規制緩和もまた，更に進むものと考えられる．そうした状況の下では，放送の向上において事業者の自主規制が占める比重はますます重みを増すものと考えられる．

§6　地上波放送と衛星放送

衛星放送の概要　日本の衛星放送には，放送衛星（BS: Broadcasting Satellite）による放送と，通信衛星（CS: Communication Satellite）による放送の2種類がある．「衛星放送」の語は，以前はBS放送のみを意味したが，最近は，CS放送の普及とともに，CS放送も含めて使用するのが一般的になりつつある．BSとCSでは，制度面，機能面，番組編成面において，以下のような違いが見られる．

① 制度面では，BSが国際的に使用周波数帯，静止軌道位置などが決められているのに対し（日本は，1977年の世界無線庁会議で，1から15の奇数チャンネルによる8周波数と東経110度の静止軌道位置が割り当てられている），CSは近隣諸国との調整がつけば周波数，軌道位置とも自由な展開が可能，という違いがある．

② 機能面では，BSは衛星が搭載する中継器（トランスポンダー）数が少ないことからチャンネルあたりの出力が大きく，個別受信（各家庭がアンテナを備えて受信）が可能なのに対し，CSは搭載中継器の数が多くチャンネルあたりの出力が小さいため，CATVの大型アンテナ経由で共同受信するのに適している．ただ，最近アンテナ性能の向上により，CS放送もBS放送と同程度の大きさのアンテナで受信が可能となり，機能面での差はなくなっている．

③ 番組編成面では，BSが基本的には地上波放送と同じく総合編成方式であるのに対し，CSではその多チャンネルの特性をベースに専門編成方式を採用し，映画，スポーツ，子供向け番組，囲碁・将棋等々の多様な専門チャンネルがサービスを提供している．ここにいう総合編成方式とは，既述の放送法第3条の2第2項の規定（番組種目間調和原則）に準拠する番組編成方式をいう．

衛星放送のスタート　NHKは1989年6月，BS-2bの2チャンネルを使

用して，1984年以来行ってきた衛星放送の試験放送を本放送に切り替え，同年8月からは受信料放送を開始した．これによって，放送事業はこれまでの地上波放送単独時代から地上波放送——衛星放送並立時代に移行した．

　NHKの衛星放送は当初，難視聴地域解消のための地上波放送とのサイマル放送とハイビジョン放送を主体にサービスしていたが，順次現在提供されているようなサービス形態になってきた．

　1980年代を通じてNHK単独状態が続いた衛星放送でも，1991年4月に日本衛星放送（WOWOW）が有料放送による本放送を開始した．WOWOWは，1984年12月に民放全社，新聞社，商社，金融機関などの共同出資によって設立された，日本初の衛星民放テレビ局であり，かつはじめての有料放送局（ペイテレビ局）である．このWOWOWのスタートにより，衛星放送も地上波放送同様，公共放送——商業放送の並立状況となったわけである．衛星放送の普及世帯数は，2003年3月末現在で約1,500万世帯，WOWOW加入世帯数は約250万世帯である．

　2000年12月から，BSデジタル放送もスタートしている．普及世帯数は，NHK調べによると（推計），2003年12月末現在で507万世帯である．（BSデジタル放送については，第8章を参照）．

　CS放送のスタート　通信衛星を利用するCS放送は，テレビが1992年5月，ラジオが同年10月から，アナログ方式による放送がスタートし，1996年10月からは，デジタル方式の放送（CSデジタル放送）がスタートした．放送事業者数は，2003年3月末現在で，テレビ93社182局，ラジオ4社104局，データ放送3社4局である．普及世帯数は同年3月末現在で，約320万世帯（CSデジタル放送については，第8章参照）．

　なお，CSデジタル放送では2002年3月，東経110度に打ち上げられた通信衛星を利用する新CSデジタル放送（通称：110度CS放送）がサービスを開始した．東経110度はBSと同一軌道であるところから，BSデジタル放送とアンテナやチューナーを共用できることがセールスポイントになっている．スカ

イパーフェクト・コミュニケーションズ（ソニー，フジテレビ系），プラット・ワン（三菱商事，日本テレビ，WOWOW 系），イーピー（東芝，松下電器，日立製作所系）の 3 社がプラットフォームとして運用を開始したが，2004 年 3 月を機にスカイパーフェクト・コミュニケーションズがプラット・ワンを吸収合併した（サービス名「スカパー！ 110」）．加入件数は，2003 年 12 月現在で約 10 万．

§7 放送施設所有の放送事業者と非所有の放送事業者

ハード・ソフトの一致原則　電波法は放送局の免許申請者の適格条件に関し，通常の無線局の条件（無線設備の工事設計が法定の技術基準に適合していること，周波数の割り当てが可能であること）に加え，「当該業務を維持するに足りる財政的基礎があること」を挙げている（第 7 条第 2 項）．社会的影響力の大きい放送は，継続的・安定的にその業務を遂行することが，社会の安全に不可欠である．それを担保するのが，「財政的基礎」である．法律によって財政的基礎を求められている点も，放送が制度的メディアといわれるゆえんである．

　財政的基礎を制度的に担保し，放送産業の基本的な枠組みを構成する原則のひとつに，「ハード・ソフトの一致」原則がある．放送事業者は従来，「電波法の規定により放送局の免許を受けた者」というのが，放送法の規定だった．つまり，放送事業者は放送局施設の所有者である，いいかえれば，施設所有が放送事業者たる絶対的要件だった．多額の投資・維持運営費を必要とする放送施設に，財政的基礎の証を求める制度であり，1989 年に委託放送制度の導入に向け，放送法が改正されるまで，放送免許行政の基本的原則として機能してきた．現行放送法は，放送事業者のうちに，電波法の規定により放送局の免許を受けた者（通常の放送局）とともに，放送局（この場合は人工衛星の無線局）施設を持たない「委託放送事業者」を加えている（第 2 条第 3 の 2 号）．なお，施設の所有者を「受託放送事業者」という（p. 115 参照）．

ハード・ソフトの分離　放送局施設の所有を放送事業者の要件としない形の制度を「ハード・ソフトの分離」という．通信衛星を利用する CS 放送につ

いて分離方式を導入したのは，ひとつには衛星事業が，衛星の調達と打ち上げに多額の費用を要し，打ち上げ失敗の危険性も伴うなど，きわめてリスキーな事業であることも理由だが，もうひとつ，多チャンネル化を推進する狙いもあった．放送局施設の建設・維持に要する多額な資金を必要としないことによって放送事業への参入を容易にし，多様なサービスを行う放送事業者・サービスを育成する狙いである．このハード・ソフトの分離制は，2000年12月にスタートしたBSデジタル放送でも採用された．

最近このハード・ソフトの分離制を地上波放送にも拡大導入を図る動きが，政府サイドなどで出てきている．2001年12月に，政府のIT戦略本部・IT関連規制改革専門調査会が「IT分野の規制改革の方向性」，経団連が「IT分野の競争政策と『新通信法（競争促進法）』の骨子」，公正取引委員会が「通信と放送の融合分野における競争政策上の課題」，と題するそれぞれの報告書を発表している．

地上波放送へのハード・ソフトの分離制導入については，放送事業者間に強い反対・抵抗があり，その後この論議は具体的な進展を見せていない．しかし，放送産業全体の構造は，多メディア・多チャンネル化の進展とともに，一致/分離の並立体制に着実に移行している，といってよいだろう．

§8 デジタル時代の放送産業

アナログからデジタルへ　すでに第6節でも触れたように衛星放送は，BSもCSも，デジタル化された．BS放送では現在もアナログ放送が継続されているが，使用衛星（BSAT-1a）が設計上2007年に耐用年数を迎える（実際には燃料が尽きる2010年頃まで使用可能）のを機に，BSアナログ放送を打ち切ることが，総務省で検討されている．BSアナログ放送の受信機を購入済みの視聴者利益への配慮，BSデジタル放送の普及程度などから，その打ち切り時期は未確定だが，いずれ打ち切られデジタルに移行することは間違いない．

そして，地上波テレビ放送でもまた，2003年12月1日，東京・大阪・名古

屋の3大都市圏の一部でデジタル放送がスタートした。その他の地域でも，2006年までに順次デジタル放送の開始が計画されており，地上波アナログ放送は，2011年7月に全面的な打ち切りが予定されている。また，ラジオ放送も，2003年10月10日から東京と大阪の一部で，実用化試験放送をスタートさせ，2011年にはデジタルによる本放送開始が予定されている。衛星放送，地上波放送を再送信するCATVも，これにあわせて施設のデジタル化を進めつつある。放送における「アナログからデジタルへ」の動きは，確定的な流れとなっている。

デジタル化が描く放送産業像 デジタル技術は，動画像を圧縮する符号化圧縮技術や，すべての情報を0と1の信号で取り扱うことなどから，放送の多チャンネル化・高画質化・高機能化を実現するだけでなく，信号を通信やコンピューターと共有することによって，放送と他の情報メディアとの連携や結合を可能にした。これによって，インターネットによるオンライン・サービスや双方向のデータ放送など，多種多様な新しいサービスを放送のカテゴリーに取り込みはじめている。

こうしたデジタル化によるメリット，ことにインターネット等の新しい情報メディアとの連携・結合，一言でいえば，放送と通信の融合がこれまでの放送産業の構造を大きく変革することは，予想に難くない。視聴者のテレビ接触の態様を変え，テレビの日常生活における位置づけも変える。テレビ番組を視聴するとともに，テレビを自分自身のニーズにあわせて利用する。テレビは家でのみの視聴にとどまらず，戸外での視聴（移動視聴）もごく当たり前のものになるだろう。テレビ放送視聴機能付き携帯電話の普及が，それを予感させる。液晶画面の美しい画像は，移動視聴にも十分耐えうる。ラジオ番組をインターネットで視聴することも，すでに可能となっている。

新しい情報メディアとの結びつきは同時に，放送事業と通信事業の融合も促進する。「事業の融合」である。放送事業者がデータ放送を通じて通信事業に乗り出す，一方通信事業者がブロードバンド化された通信網を通じて放送サー

ビスを展開する．放送と通信の垣根は，この事業の融合からも崩壊していく．その崩壊は，すでに始まっている．ブロードバンド・サービス利用者は，2003年5月末に約1050万件，世帯普及率で22.3％に達している（総務省調べ）．「放送産業」ということばが使われなくなる日も，そう遠いことではないかもしれない．

（伊豫田　康弘）

参考文献
日本民間放送連盟編『民間放送年鑑2003』日本民間放送連盟　2003年
日本民間放送連盟編『民間放送50年史』日本民間放送連盟　2001年
日本民間放送連盟編『放送ハンドブック新版』東洋経済新報社　1997年
日本放送協会編『20世紀放送史　上・下』日本放送協会　2001年
伊豫田康弘ほか編『テレビ史ハンドブック改訂版』自由国民社　1998年

VII 放送法制度

§1　制度を支える4つの柱

　太平洋戦争の終結まで，日本の電気通信法制上において，「電信及電話」（「無線電信及無線電話」）は「政府之ヲ管掌ス」（旧電信法第1条，旧無線電信法第1条）と規定されていた．放送を含む電気通信施設の「私設」は，例外的に認められていたにすぎない．放送事業に関していえば，社団法人日本放送協会が，国の厳しい監督・規制を受けながら一元的に運営していた．しかし戦後，新憲法のもとで出発した日本は，民主主義に基づく国づくりを目指し，さまざまな旧制度の「民主化」がいっせいに進められ，放送もその例外ではなかった．

　戦後改革の一環として，今日の放送制度の原型が作られたのは1950（昭和25）年のことである．その制度も，進展いちじるしいメディア環境の変化に対応しうるよう部分的改革が加えられてきたが，現在においても，基本的な枠組みは，放送法や電波法等の特別法によって規定されている．放送事業はこれらの特別法によるさまざまな規律に服している．通説によるとその根拠は，「放送用周波数の有限希少性」および「放送の社会的影響力」にある．同じマスメ

ディアでありながら，新聞・出版・映画等々のマスメディアはそうした特別法のもとで規律されることがない．この特殊性に注目するならば，放送は「法制度拘束型メディア」だといってよいだろう．

ここでは，日本の放送制度ないし放送政策の特色を，① 放送事業体，② 周波数利用，③ 放送施設（ハード）と放送番組編集に係る責任体制，④ 免許・認定制度，⑤ 放送番組規律の各視点から概観してみよう．

放送事業体：NHK—民間放送の併存体制　戦後の放送事業は，法律に基づく非営利の特殊法人（公共事業体）である日本放送協会（NHK）および私企業形態をとる民間放送（法律では「一般放送事業者」）によって運営されている．

このうちのNHKは，視聴者国民がNHKを支えていくために負担する受信料を主たる経営財源として，全国的な放送サービスを提供することを法的に義務づけられている．他方民放の経営財源は，広告主企業からの広告収入や視聴者が放送サービスに対して支払う有料放送収入等である．今日では地上系・衛星系を含めて民放事業者の数は飛躍的に増加しているが（p.106, 142参照），そのうちの地上放送を運営する者（つまり地上民放）は，人的・資本的にも，また提供サービス面でも地域密着性の確保を制度面から求められている．

この「併存体制」は，目的や使命，組織形態の異なる2つの事業体が，それぞれの特徴を発揮して，国民の多様な欲求に応えることを想定した制度であり，海外でも高く評価されている．公共事業体による放送が中心であった西欧諸国でも，特に1970年代以降，相次いで民間放送（商業放送）が誕生した．また逆に，民間放送中心の放送体制を特色とするアメリカでは，1960年代後半に公共放送（PBS）が設立されている．この点からみても，日本の放送における「併存体制」は先駆的な存在である．1981年には放送大学学園法が成立し，新たに国費を経営財源とする第3の放送事業体としての放送大学学園が誕生した．1985年から関東地域で放送サービスを，さらに1998年からは通信衛星（CS）による全国放送を開始した．ただし同学園の放送は，その目的や利用者層が限定されている．より幅広い国民各層への日常的影響力や産業的規模の大きさ等

VII 放送法制度 113

からみて，日本の放送は，NHKと民間放送が支えているといってよいだろう．

周波数の利用：「放送の計画的普及」に留意　第2の特色は，政策的ないし操作的に「放送の計画的普及」を図ろうとしてきたことである．放送法では，放送の計画的な普及と健全な発達を図るため，「放送普及基本計画」を定めることを主務大臣（総務大臣）に義務づけている（第2条の2）．その中身は，① 放送局を新設する際に，地上放送―衛星放送，音声（ラジオ）放送―テレビ放送，NHK―民放，全国放送―ローカル放送（県域放送等）といった，放送の種類別・区分別さらには放送対象地域別に，放送系統数（チャンネルの数）の目標を定めること，② 割り当て可能な周波数，放送技術の発達や放送需要の動向，放送対象地域の自然的・経済的・社会的・文化的な事情を十分考慮して定めること，等が規定されている．

つまり，現行制度では，たとえ利用可能な放送用周波数に余裕があっても将来のために留保される．近年，規制緩和が進み，その結果，大量の放送用周波数が開放されつつあるとはいっても，その程度は段階的である．事業への新規参入に対しては法制度のうえで制約が加えられる．この点は，一般産業のみならず他のマスメディアと比較しても大きく異なるところである．

「放送普及基本計画」で示された放送局の置局に関する指針および基本事項から，本格導入の途上にある国内のデジタルテレビ放送を例にとって，やや具体的にみると以下の通りである（2003年7月末現在）．

① 地上デジタルテレビ放送
- NHKについては，総合放送と教育放送の各1チャンネルが全国各地であまねく受信できること．
- 放送大学学園の放送については，大学教育放送1系統が授業実施予定地域においてあまねく受信できること．
- 民放については，総合放送4系統の放送が全国各地域においてあまねく受信できること（ただし関東広域圏・中京広域圏・近畿広域圏等をはじめとする「主要地域」では5系統以上の放送が各主要地域であまねく受信できること）．

- 関東広域圏・中京広域圏・近畿広域圏で行う NHK と民放のデジタルテレビ放送は，2003（平成 15）年までに開始し，それ以外の地域における放送については 2006（平成 18）年までに開始すること．
- 高精細度テレビ放送を中心としつつ，デジタル技術の特性を生かした放送を行うこと．

② 放送衛星を利用するデジタルテレビ放送（BS デジタルテレビ放送）
- BS アナログテレビ放送と同一の放送（いわゆるサイマル放送）の場合，NHK は標準テレビ放送を 2 チャンネル，民放は標準テレビ放送を 1 チャンネルとする．
- BS デジタルテレビ放送の独自放送（つまり，サイマル放送以外の放送）の場合に，NHK 用は高精細度テレビ総合放送を 1 チャンネルとする．民放用は，高精細度テレビ放送を 5 チャンネル以上とする（高精細度テレビ放送を中心とするのが原則だが，高精度テレビ放送を行わない場合には標準テレビ放送 20 チャンネル程度とする）．

③ 通信衛星をデジタルテレビ放送（CS デジタルテレビ放送）
- 東経 110 度上の通信衛星（いわゆる 110 度 CS）以外の通信衛星を利用する場合には，民放による標準テレビ放送を 210 チャンネル程度（放送大学学園用 1 チャンネルを含む）とする．
- 110 度 CS を利用する場合には，民放による標準テレビ放送を 80 チャンネル程度とする．

施設管理主体と番組編集主体：「一致」と「分離」の 2 方式　第 3 の特色は，免許・認定制度に関係する．放送事業を営もうとする者は，国（総務大臣）からの免許ないし認定を受ける必要がある．誰もが自由に事業参入できるわけではない．この点も，他マスメディア事業の場合と大きく異なるところである．

さて，放送事業の運営形態を，"放送設備の管理責任"という側面および "放送番組の編集責任"という側面に着目して分けると，2 方式がある．

そのうちのひとつが，「ハードとソフトの一致」といわれる方式である．同

VII 放送法制度

方式では,放送施設(ハード)の運営・管理に責任をもつ者が,同時にその放送施設を利用して放送番組を制作・調達し,番組(ソフト)の編集に対して最終責任をもつ.この方式は地上放送の伝統的な方式である.地上放送に倣って,放送衛星系による放送(BS放送)にも当初は適用されてきた.

もうひとつはハードの責任主体(「受託放送事業者」という)とソフトの責任主体(「委託放送事業者」という)を分離する,いわゆる「ハードとソフトの分離」による放送システムである.同方式は,1989年の放送法改正によって制度化され,まずは通信衛星系による放送(CS放送)で導入された.さらにその成果を踏まえて,放送衛星4号(BS-4)以降のBS放送にも適用されるようになった.このように現在では,地上放送が「ハード・ソフト一致」の方式で運営され,他方,衛星放送(BS系とCS系を含む)は「ハード・ソフト分離」の方式で運営されるというふうに,地上放送と衛星放送の免許・認定制度は大きく異なる.

上記の2方式のうちの「ハード・ソフト一致」方式で放送を行おうとする者(地上放送事業を行おうとする者がこれに該当)は,電波法に基づく放送局開設のための「免許」が必要である.免許申請に対する審査基準は,①工事設計の技術水準,②割り当て可能な周波数の有無,③財政的基礎の有無,④「マスメディア集中排除の原則」(後述)などを定めた「放送局の開設の根本的基準」(総務省令)に適合しているかどうかの4項目が電波法に明示されている.

他方「ハード・ソフト分離」方式の場合はどうか.まず,ハードに関する責任をもつ者(=受託放送事業者)になろうとすれば,「ハード・ソフト一致」方式と同様の審査基準に基づく総務大臣の「免許」を必要とする.他方,ソフトに責任をもつ者(=委託放送事業者)になるためには,「免許」(上記)ではなく,放送法に基づく「認定」を総務大臣から受けなければならない.「認定」のための審査基準は,①利用できるハード(放送施設)の有無,②財政基盤,③「マスメディア集中排除の原則」を定めた「放送法施行規則」(総務省令)に合致しているかどうか,④「放送の普及および健全な発達」のために適切かどうか,

⑤ いわゆる「外国性」の制限，などからなっている（p. 101 参照）．

<u>免許・認定制度：審査基準としての「マスメディア集中排除の原則」</u>　放送事業を運営の意思があったにせよ，誰でもそれを行えるというわけでないことは先にも述べた．放送事業者の適格性を判断するための審査基準に合致しなければならないのである．

その際とくに重視されて，その適用方針をめぐりしばしば議論を呼んできたのは，先にも触れた「マスメディア集中排除の原則」であり，民放事業を運営しようとする者に限り適用される（NHK，放送大学学園は適用対象外）．新聞・出版・映画等のマスメディアは事業参入の意思さえあれば自由に参入できる．ところが，放送は法制度上の規律がある．これも他のマスメディアと決定的に異なる点であろう．

放送法では，前述のように総務大臣に対して，「放送普及基本計画」の策定を義務づけている．さらに，計画策定の際に考慮しなければならない事項が決められている．そのうちのひとつに，「放送をする機会をできるだけ多くの人に確保することにより，放送による表現の自由ができるだけ多くの人に享有される」ための指針を掲げている（第2条の第2項）．これが「マスメディア集中排除の原則」の目的理念である．

同規定を受けて，「放送普及基本計画」では，①民放の場合に，1の者が所有・支配できる放送系の数（チャンネルの数）を制限する，②各地域社会における各種の「大衆情報提供手段」の所有・支配が，特定の者に集中することを避ける，などの「指針」が盛り込まれている．

さらにこれと連動するかたちで，「マスメディア集中排除の原則」の細則が，「放送局の開設の根本的基準」や「放送法施行規則」など（いずれも省令）で明示されている．その内容は，次のとおりである．

① 複数局の所有・支配を原則として禁止する．たとえば，地上民放事業者は，地上放送局の兼営およびBS民放の兼営ができない．

② ただし，例外として，地上民放事業者が同一放送対象地域においては，

中波（AM）放送・テレビ放送を兼営することはできる．
③　中波放送・テレビ放送・新聞の3事業に係る所有・支配を禁止する．
なお，これら関係規則等から，「1の者が所有・支配可能な放送の数を制限する」という場合の，「所有・支配」の意味を示しておこう．すなわち「所有・支配」とは，以下のアからウまでのいずれかの場合かこれに該当する．

　　ア　議決権の保有
- 地上民放事業者に関しては，10分の1を超える議決権の保有（ただし，異なる放送対象地域の場合は，5分の1以上の議決権の保有）．
- 衛星放送における委託放送事業者に関しては，3分の1以上の議決権の保有．

　　イ　5分の1を超える役員兼務
　　ウ　代表権を有する役員，常勤役員の兼務

上記のようなマスメディア集中排除政策は，採用され始めてからすでに40数年の歳月が経過した．しかしながら，多メディア・多チャンネル化の進展等に伴うメディア環境の変化とともに，この「原則」に基づく規律はわずかながら段階的に緩和される傾向にある．今日でも，一連の規制緩和政策の中で見直し作業が進められている．

放送番組編集：いわゆる「番組編集準則」等の順守義務　続いて指摘したいのは，番組（ソフト）に関する規律の存在である．放送法第3条では，「放送番組は法律に定める権限に基く場合でなければ，何人からも干渉され，または規律されることがない」と規定している．つまり，放送番組の編集に関して放送法では放送事業者の自主・自律を原則として保障している．だが，これはあくまでも原則であり，実際には，最初に触れたように，放送用周波数の希少性と放送の社会的影響力の大きさを根拠とした各種の規律が適用される．放送事業者に対して法が求めている主要事項を列挙すると以下のとおりである（放送法第3条の2ほか）．

①　放送番組編集準則を遵守すること（i．公安及び善良の風俗を害しないこと，ii．

政治的に公平であること，iii．報道は事実をまげないですること，iv．意見が対立している問題についてはできるだけ多くの角度から論点を明らかにすること）．
② 放送番組の相互間の調和を図ること（ただし地上民放ラジオ，衛星民放等を除く）．
③ 放送番組の編集基準を定め，これに従って放送番組を編集すること．
④ 放送番組審議会を設置すること．
⑤ 特定の者からのみ放送番組の供給を受けることとなる条項を含む番組供給協定を締結してはならないこと．

このほか，法律に基づく各種の行政指導もある．一例として，地上民放テレビ事業者に対しては，放送局の免許・再免許の際の条件（電波法第104条の2）として，教育・教養番組やローカル番組の一定比率義務付けなども行われてきた．またNHKに関する指導としては，国会に提出される各年度のNHK予算案に対して付される総務大臣の意見等がその一例である．

放送法が制定された当初は，放送番組の編集に関する規定は今日ほど多くはなかった．しかしその後，放送が飛躍的に発展し，社会的影響力が増大するにしたがって，放送番組の「適正化」を図るという観点からの規律強化の側面もみられる．たとえば，1990年代以降の例としては放送番組審議機関の権限強化や訂正放送の徹底等を目的とした放送法改正である．その一方で，放送番組の編集にあたっては教育・教養・報道・娯楽の各ジャンルをバランスよく提供するべき旨を規定した「放送番組相互間の調和」原則に関する規律等は，多チャンネル化の進行に伴って，次第に緩和されつつある．

§2 制度改革の焦点

前記§1では法制度の現況を概観したが，この制度自体が不変のものではない．後にやや具体的に触れるように，社会環境の変化に対応せざるをえない．

今から約40年近く前の1960年代半ば頃のことであろうか，情報社会論・情報産業論がクローズアップされはじめた．それらは，メディアと情報が社会の

中で中核的な役割を果たすことになるだろうとする未来論的な議論であった．今日における情報流通量の飛躍的な増大，情報通信分野における産業規模の拡大等々からみて，いわゆる「情報化」にかかわる当時の予見は，一段と現実味を帯びている．放送に限定しても，従来の地上放送とは別途，新たにBS系およびCS系を含む衛星放送が加わり，その多チャンネル化は目覚しいものがある．さらにこれら放送系メディアの周辺には，従来の放送と同種類似の機能をもち，放送系メディアと競合する各種の新メディアが続々と出現している．たとえば，ケーブルテレビや各種パッケージ系電子メディアのほか，インターネットに代表される，コンピューターと電気通信ネットワーク等が複合―融合したマルチメディア型の新サービスが実用化・普及の途上にある．

そこで残された紙面では，以上のようなメディア環境の変化を踏まえながら，3つの視点に限定し，制度改革の基本方向に関して考察してみたい．

「基幹的放送メディア」の制度的位置づけ　まず指摘したい点は，基幹的放送メディアといわれてきた地上放送の役割に関係する．つまり，放送系各種メディアのうちでも，地上放送における基幹的な役割いかんがクローズアップされてくるだろうという点である．メディア間の複合―融合化，多チャンネル化，さらには多様化が進み，メディア間の競争がシビアになればなるほど，基幹的放送としての地上放送の存在意義やあり方が改めて問われることになろう．

まず，基幹的放送メディアとしての地上放送の役割について考えることとしたい．放送メディアと一口にいっても，その種類は多様化し，チャンネル数が飛躍的に増大していく趨勢にある．しかも前記のとおり，放送系メディアの周辺には，同種類似のサービスを提供する各種の新メディアが実用化・普及の途上にある．それら各メディアは，利用可能なチャンネル数や社会的影響力からみて一様ではない．ところが，1988年の放送法改正以前は放送系メディアに対して，そのメディア特性の違いを問わず一律的な規律が課されていた．しかし，放送政策懇談会の提言（1987年）等を契機として，「メディア特性の違いに応じた規律」を課す方向へと，規律のあり方に関する見直しが行われ，現在に

至っている．

　現行制度では，地上放送（そのうちでもテレビ放送）が，「基幹的放送メディア」として位置づけられている．「基幹的放送メディア」とは，"各種の放送メディアのうちでもっとも普遍的・日常的に利用され，その社会的影響力が相対的にみてもっとも大きいメディア"として理解されている．この「基幹性」ゆえに地上放送は，他の放送メディアよりも厳しい規律のもとに置かれているといえよう．たとえば地上テレビ放送の社会的影響力は，サービスのカバーレジ（到達範囲）の広さ（NHKと民放を併せて7系統のネットワークがそれぞれ全国一円をカバーしている），受信機普及台数，国民1人当たりの視聴時間量，産業規模等々からみて，他の放送系メディア（地上ラジオ放送と衛星放送）よりも，相対的に大きい．そうした地上テレビ放送のメディア特性が規律のあり方にも反映されているのである．

　とはいえ，地上系・衛星系・ケーブル系を含む放送メディアのデジタル化とそれに伴う多様化とともに，これまで地上放送が果たしてきた社会的な機能・役割の一部（さらにはその多く）が，放送系およびその周辺系を含む他の各種メディアによって代替されていく可能性はある．その結果として，放送メディア全体の中に占める地上放送の地位は低下傾向を辿る．

　このような趨勢変化は，地上放送（そのうちでも，とくにテレビ放送）における「基幹性」に対しても大きな変容を迫るのではなかろうか．制度上，放送系メディアに期待される社会的な機能・役割は，他メディアを含む全体状況の中で変化し，固定的にとらえることはできないからである．

　たとえばBS放送は，提供サービスの広域性・伝達効率性・高品質性等からすると，その普及が進むにつれて地上放送のネットワーク体制を脅かす可能性が高い．事態がそうした方向へと推移したとしよう．その場合に，BS放送が全国系の基幹的放送メディアの役割を担い，他方，地上テレビ放送は地域系の基幹的放送メディアの役割を担う――．「基幹的放送メディア」の役割も，こうした分業関係の実現へと変化を迫られる可能性は高いとみるべきだろう．

日本においては，「多極分散型高度情報社会の形成」「地域情報化の推進」「東京一極集中の排除」が，情報通信政策の分野でも年来の課題とされてきた．これら課題への対応にあたって，地域密着型メディアが必要不可欠であり，地上放送に期待される役割は，たいへん重要である．今後約10年間を念頭において考えても，地域系情報サービスを国民各層に対して普遍的・日常的に提供できる基幹的放送メディアは，地上放送をおいては存在しえまい．ケーブルテレビであれ，光通信網であれ，インターネットであれ，その間，地上放送におけるこの種の社会的機能の代替は不可能だろう．

「マスメディア集中排除の原則」に係る適用方針の見直しは，法制度改正に向けての重要事項のひとつとされている．その見直しに際しては，地域系の基幹的放送メディアとしての地上放送の役割を最大限に発揮させる，という観点が不可欠だといえよう．

言論表現活動（ないし情報流通）の実質的な多様性・多元性確保　1980年代初頭の放送業界では，「トリレンマ」（3重苦）が議論を呼んだ．この「トリレンマ」とは，①マクロ経済の低成長，②地上民放の多局化，③競合ニューメディアの出現，であり，それらがもたらすインパクトへの放送業界の危機意識が込められていた．その後，1990年代から今日にいたる環境変化を考慮しながら，「新トリレンマ」と呼ぶならば，その中身は，①バブル経済崩壊後の後遺症，②情報通信新技術の目覚しい進展，③相次ぐ規制緩和政策の展開，と言い換えることができよう．

上記「新トリレンマ」のうちの③（規制緩和政策の展開）であるが，これは，技術革新による情報伝達手段の多様化・高度化，市場開放を求める「外圧」，さらには国際競争力強化と産業的発展の要請等が相まって，日本ではとくに1990年代以降，情報通信分野においても目覚しいものがある．そのうねりは，いまだとどまることを知らないかにみえる．

放送に関して例を挙げると，地上系・衛星系を含めた割当てチャンネル数の飛躍的増加が図られている．さらに「マスメディア集中排除の原則」の適用に

関しても，段階的な規制緩和措置が講じられてきた．その結果，事業参入への法制度的な障壁は次第に低下しつつある．その典型例がデジタル方式によるCS放送，BS放送である．（「放送」ではないが）ケーブルテレビ事業に対する規律についても同様である．デジタル技術の本格導入は，こうした事態を一層加速する．各種放送メディア間にとどまらず，インターネット等をも巻き込んだ大競争時代というイメージが色濃くなってきた．言い換えると，法制度によって「放送の計画的普及を目指す」という伝統的な政策手法（前記）は，次第に維持し難くなっていくだろう．

　以上のような政策展開によって放送事業者は，かつてのような競争制限的な放送制度による保護は期待できなくなり，一層の自力更生を求められよう．競争の過程で，メディア産業界の勢力地図も大きく塗り替えられる可能性も十分にありうる．

　事業参入規制の緩和に伴う市場競争の激化は，新たな問題を顕在化させ，それへの対応を迫ってくる．そのうちでもとくに注目すべき問題は，言論表現活動ないし情報流通の実質的な多様性・多元性をいかに確保していくか，という点であろう．

　CSデジタル多チャンネル放送や大規模ケーブルテレビに例をみるように，日本の放送市場においても非マスコミ系の国内資本による参入や外国メディア資本の参入，さらには異業種間の提携等が相次いでいる．放送事業に関して日本では，電気通信事業にみられるようなグローバル規模の合従連衡や企業間競争という事態はまだ顕在化していない．が，海外の動向からすれば，近い将来，日本の放送事業にとっても無縁のことと断言はできまい．

　そうした事態を先取りし，的確に対処していくために，既存放送事業者も，国内異業種資本や海外巨大メディア資本による放送事業分野への参入に対抗しうる競争力を備える必要がある．とするならば，複数メディアさらには異種メディアの所有・支配に関する規制をさらに緩和し，規模の経済（範囲の経済）を享受しやすくするのも次善の方策かもしれない．しかし他方，巨大化した少数

の者による市場支配は，結果として言論表現活動や情報流通の実質的な多様性・多元性の確保という民主主義市民社会の価値目標と相反する危険性を孕んでいる．それは，アメリカや西欧における一部の巨大メディア企業の行動が，この価値目標との関連でしばしば問題視されてきたことからも頷ける．

したがって，2つの政策目標（放送系メディア企業の競争力強化および言論表現の多様性・多元性確保）についてどのように相互調整を図り，バランスを取るか，この点でのより実効性のある構想が必要とされるだろう．

「併存体制」のゆくえ　NHK―民放の併存体制はすでに半世紀余りの実績をもつ．その間，この体制の内実は時代とともに変化している．デジタル化・多チャンネル化の進展とともに，今後さらに変化を迫られよう．

しばしば指摘されてきた事柄であるが，戦後の放送制度がつくられた当初においては今日のような民放の発展は予想されていなかった．そのため放送制度の上で，日本の放送の普及・発展の担い手としてはNHKが想定され，他方，民放はNHKの補完システムとして位置づけられていたといえよう．当時においてNHKは，民放と対比しながらみずからを「基幹放送」と規定していたが，放送の普及に寄与してきた当時のNHKの実態からすれば，まさにそのとおりであった．しかし，新放送制度の狙いがどうであれ，その後の民放は目覚しい発展を遂げた．多数の民放事業者の参入によって，公共放送NHKの果たしてきた機能・役割は，それら民放事業者によって部分的であれ次第に代替されるまでになっている．法制度の上での「放送」ではないが，インターネットを経由する映像・音声・データ等各種情報のストリーミング配信など，放送類似のメディア/サービスによっても，NHK機能の部分的な機能代替は進むだろう．

その場合に，受信料収入を経営財源として運営される特殊法人，という基本性格をもつ公共放送NHKの存在意義は何か，公共放送として果たすべき固有の機能・役割とは何か，改めてこれらの問題をめぐる検討を迫られよう．

振り返ってみると，戦後から今日までの約半世紀の間，NHKの業務範囲は

拡大の歴史であった．その原因は，特別法に基づく公共放送事業体としてのNHKが，私企業である民放に比べ，より高い公共性を制度上で要求されてきたことにある．そのひとつが，放送普及のための「先導的役割」である．この役割は，国から半ば強制的に担わされてきたというケースもあれば，NHKみずから率先して果たしてきたケースもある．その結果として，先述のようにNHKの業務範囲は拡大の一途を辿ってきたのである．

多くの指摘を踏まえ，これまでにもたびたび，部分的・局所的な改善措置は図られてきた．しかしながら，併存体制およびこれと不可分一体の関係にあるNHKのあり方に関する全体的な構想づくりは先送りされてきた．デジタル化をはじめとする放送新技術は，予想をはるかに越える速いテンポで進展しつつある．それが，従来の放送体制全体に大きなインパクトをもたらすだろう．併存体制をめぐる将来構想の具体的提案が，今こそ求められているゆえんである．その検討作業の一環として，メディア状況の変化を踏まえたNHKの目的・使命の再検討およびそれに基づく業務範囲，保有メディア・チャンネルの数，経営財源等々，全般的な見直しが必要ではなかろうか．

（篠原　俊行）

参考文献

川竹和夫・門奈直樹編『デジタル時代の放送を考える』学文社　1997年
郵政研究所編『21世紀　放送の論点』日刊工業新聞社　1998年
津金澤聰廣・田宮　武編『テレビ放送への提言』ミネルヴァ書房　1999年
片岡俊夫『新放送概論』日本放送出版協会　2001年
舟田正之・長谷部恭男編『放送制度の現代的展開』有斐閣　2001年
総務省編『放送政策懇談会　第一次報告』2001年12月
総務省編『放送政策懇談会　最終報告』2003年2月，総務省ホームページより
総務省編『ブロードバンド時代における放送の将来像に関する懇談会　とりまとめ』2003年4月　総務省ホームページより
総務省編『BS放送のデジタル化に関する検討会　報告書』2003年12月　総務省ホームページより

VIII デジタル放送とメディアの融合

§1　デジタル放送の歩み

放送のデジタル化とは　すべての情報を0と1という数値の組み合わせで表現するデジタル技術は，コンピューターの世界から始まって，1960年代には通信の世界でも徐々に進展してきた．放送の世界では，それより遅れて，1980年代になってまず番組制作機器のデジタル化が始まった．カメラに続いて，VTRが，標準テレビから始まって，画質がよく情報量の多いハイビジョンまで徐々にデジタル化され，デジタル技術を使った番組制作が始まった．デジタルVTRに収録された番組はコピーを繰り返しても映像の画質が劣化せず，合成画面の作成などに威力を発揮し，デジタル技術が放送にさまざまな新しい可能性を開くことを予感した人は多かった．

　しかしデジタル機器を使って制作された番組を放送するとなると，番組を効率的に電波で送るために，デジタルの情報圧縮と伝送の技術が必要になる．1980年代には世界各国でいろいろ実験が重ねられたが，実用可能なデジタル伝送システムはなかなか開発されなかった．1990年代になって，ようやくデ

ジタル化した情報を効率的に圧縮して伝送する技術が開発され，番組制作と伝送の両方，放送全体をデジタル化する技術的なめどが立った．

ただ，地上のアンテナから放送する地上波テレビは，長い歴史を持つだけに，電波の利用が進んでデジタル用の電波の空きを見つけにくく，中継所も多い．それだけに地上波アナログテレビに使われている周波数帯を整理して，デジタルテレビ用の周波数を確保するとともに，数多くの中継所の送信機を全部デジタル化するには，多くの時間と経費がかかる．

一方衛星放送はまだ歴史が浅く，デジタル放送の周波数もとりやすく，ひとつの衛星から電波を送信するだけなので，設備投資が少なく時間もかからない．デジタルテレビ放送はまず衛星放送から始まった．

衛星放送から始まったデジタルテレビ　世界で1番早く衛星放送でデジタルテレビを始めたのは，アメリカだった．アメリカではアナログの衛星放送が先に始まっていたが，まだあまり普及しないうちに，1994年に，ディレクTVとUSSB，プライムスターの3社が直接家庭に番組を届ける衛星デジタルテレビの放送を開始した．衛星多チャンネル時代の開幕だった．続いて1995年には，フランスのカナル・プリュス系の衛星デジタルテレビが始まり，ドイツのキルヒグループのDF1（1996年），イギリスのBスカイB（1998年）などヨーロッパ各国の衛星放送が相次いで参入した．

世界の衛星デジタルテレビの多くは，多チャンネル放送を売り物にしているが，日本のほかに，アメリカ，カナダ，韓国ではHDTV（ハイビジョン）も放送している．ヨーロッパでも2004年1月から初の衛星HDTV放送がはじまった．

世界にはまだアナログの衛星テレビも多いが，衛星デジタルテレビの普及をみると，イギリスでは2003年10月にBスカイBの加入者が700万を超えて，世帯普及率が約30％になっている．BスカイBの経営を支配するルパート・マードック氏のニューズ・コーポレーションは，アジアでは香港から送信している衛星テレビ，スターを所有し，衛星テレビの世界ネットワークをめざして

アメリカ，イタリアでも衛星テレビ会社を買収している．

　またアメリカでは衛星テレビ全体の加入者が 2,000 万を超えて世帯普及率が 20％に達し，加入者獲得を巡ってケーブルテレビとの競争が激しくなる一方である．

　日本は 1989 年に BS（放送衛星）アナログの本放送が始まってかなり普及していたため，衛星デジタルテレビは，CS（通信衛星）放送で先に始まった．1996 年 10 月にパーフェク TV が 57 チャンネルで衛星デジタルテレビの本放送を始めたのである．一方 BS デジタルテレビは 20 世紀最後の年，2000 年 12 月 1 日に NHK と BS 民放 7 社が放送を開始した．日本の CS デジタル放送の加入者は 2004 年 1 月末現在 310 万あまり，BS デジタルテレビはおよそ 500 万の世帯に普及している．

BS デジタルテレビの魅力と伸び悩み　2000 年 12 月にはじまった日本の BS デジタルテレビは，高画質，高音質，データ放送と双方向テレビをサービスの目玉としてスタートした．BS アナログテレビが全国で 1,500 万台ほど普及していたのを土台にして，1,000 日で 1,000 万台の普及を目指した．

　BS デジタルテレビでは，アナログ時代と比べて画質，音質のよいハイビジョンの番組が大幅に増えて，数々のすぐれた番組が生まれた．また新しく始まったデータ放送や双方向番組でも意欲的な番組が放送された．データ放送は割り当てられた周波数帯が狭くて，情報の伝送速度が遅く，インターネットに慣れた若者には，若干反応が遅すぎるが，インターネットよりは操作が簡単で広い範囲の人たちが利用できる利点があった．

　しかし民放の系列ごとに結成された BS 民放各社は，本体のキー局の出資が 30％に制限された上，視聴者が少なくて広告も十分に付かないため，軒並み赤字で，番組制作への投資が制約された．またバブル崩壊後の不況の長期化とも重なり，開始から 3 年たった 2004 年 1 月末で普及はケーブルテレビを通しての受信を入れておよそ 500 万台で目標の半分にも達していない（世帯普及率約 10％）．

日本のデジタル放送はまず BS で道を開き，地上波デジタルの普及にとりかかることになっていたが，BS デジタルテレビの普及の伸び悩みは，放送業界にとっては誤算だった．しかしハイビジョン番組が質量ともに充実し，アメリカをはじめ世界の HDTV（ハイビジョン）放送がうらやむ番組の蓄積ができたこと，データ放送，双方向テレビ番組のノウハウをえられたことなど今後生きてくる成果は多い．

放送行政を担当する総務省が 2003 年に民放系列ごとの BS 民放会社へのキー局の出資上限を 50 ％まで引き上げたこともあり，BS 民放各社の経営建て直しが注目される．

§2　地上デジタルテレビ放送の開始

世界の地上デジタルテレビ　デジタルテレビは衛星放送から始まったが，最初に地上波でデジタルテレビが放送されたのは，イギリスだった．1998 年 9 月に BBC が放送を始め，すぐに民放のオン・デジタル（後の ITV デジタル——2002 年 2 月倒産）が続いた．

アメリカでは 1987 年から検討してきた次世代テレビの放送方式が 1996 年にやっと地上デジタルテレビの規格として決まり，1998 年 11 月から地上デジタルテレビの本放送が始まった．

アジア太平洋地域では，21 世紀最初の日，2001 年 1 月 1 日に合わせてオーストラリアが放送を始めたのが最初で，シンガポール（2001 年 2 月，主として移動体受信向け），韓国（2001 年 10 月）が続いた．

2004 年 2 月現在，地上デジタルテレビ放送をしている国は，

ヨーロッパ	イギリス，スウェーデン，スペイン，フィンランド，ドイツ，オランダ，スイス，イタリア
アメリカ	アメリカ，カナダ
アジア・太平洋地域	オーストラリア，韓国，シンガポール，日本

の 14 カ国である．

このうち地上デジタルテレビで，HDTV 放送をしているのは，アメリカ，韓国，カナダ，オーストラリア，日本の5カ国であり，ヨーロッパではもっぱら多チャンネル放送をしている．データ放送も徐々に広がっている．

地上デジタルテレビは，まだ各国とも普及率が 10％以下である．スペインとイギリスでは，有料放送で地上デジタルテレビを始めた会社が倒産してしまい，オーストラリアの公共放送は地上デジタルチャンネルの一部を停止することになった．世界各国とも地上デジタルテレビの普及はまだこれからである．

一方，まだ地上デジタルテレビを開始していない国でも，試験放送をしている国は多く，2004 年には，ヨーロッパを中心に地上デジタルテレビを放送する国がかなり増えそうである．

日本の地上デジタルテレビ放送開始　1990 年代になって，日本でも衛星テレビに続いて地上波テレビもいずれはデジタル化するという流れは，多くの放送関係者に認識されていた．しかし地上波アナログテレビは，国民の多くが情報をえている基幹放送であり，デジタル化の影響が広範に及ぶだけに，さまざまな配慮が必要だった．郵政省（現総務省）は，放送を中心に広く有識者を集めて，地上デジタル放送懇談会をつくって検討を重ね，1998 年 10 月に懇談会は地上波放送のデジタル化について大筋を示す報告書を出した．

日本は，アメリカと違って地形が複雑な国土でアナログ地上波テレビを「広くあまねく」見られるようにするため，放送用の周波数がたくさん使われて，電波がたいへん混雑している．このため地上デジタルテレビの放送をするためには，まず周波数帯の整理をして，アナログテレビの UHF 周波数の一部を変更して，別の周波数に変え，デジタルテレビ用の UHF 周波数を確保する必要があった．そこでこの周波数の変更の進み具合をみながら，段階的に地上デジタルテレビを開始する計画が立てられた．

この計画に沿って 2003 年 12 月 1 日から，東京，大阪，名古屋の 3 大都市圏で地上デジタルテレビ放送が始まった．この後 2004 年から各地の放送局が順次放送を始め，2006 年には全国すべての地域でデジタルテレビ放送が始まる．

政府はデジタルへの移行を促進するために国費で周波数帯の整理を行い，デジタルテレビの普及を待って 2011 年 7 月 24 日にはアナログテレビの放送を打ち切ることにしている．

しかし地上波テレビのデジタル化には，NHK，民放の全国 1 万 5,000 のアンテナで送信機をすべてデジタル化しなければならず，特に地方局の投資の負担は大きい．また一般家庭でも，デジタルテレビ・セットのほかに UHF アンテナを新規購入しなければならない家庭も多く，かなりの出費が必要になる．アナログ地上波テレビを共同受信している集合住宅のデジタルテレビへの切り替えも手間と費用がかかる．このため政府の計画どおりデジタル化が完了するかどうか疑問だという見方も出ている．

　デジタルテレビで何を放送するのか　地上波テレビをデジタル化する大きな狙いは，デジタル技術でアナログ放送より狭い周波数帯で放送ができるので，放送に使わなくなった周波数帯を，需要が急増している携帯電話などほかの用途に回すことである．このため地上デジタルテレビは何より地上アナログテレビの置き換えである．しかし置き換えだけではない．地上デジタル放送は，デジタル技術を生かして次のような新しい機能を持つ放送ができる．

- 高画質　　　　　　　　　ハイビジョン
- 高音質　　　　　　　　　CD 並みの音声と 5.1 サラウンド音声
- 多チャンネル　　　　　　2〜4 チャンネルの標準テレビ可能
- データ放送，双方向放送　地域のきめ細かいサービス可能
- モバイル受信　　　　　　携帯電話，自動車など移動体での受信可能

このうちハイビジョンについては，地上デジタルテレビでは各局の番組の 50％をハイビジョンにすることが免許の条件になり，BS デジタルテレビ以上にハイビジョン制作番組が増えて，NHK に続いて民放のニュースも徐々にハイビジョン化されそうである．またデータ放送は，BS デジタルテレビに続くものだが，地上波テレビ局は，地域に密着しているため，地域のニュースや気象情報をはじめ，住民の生活に欠かせない情報を伝えられる．地元の自治体と

VIII　デジタル放送とメディアの融合　131

提携したデータ放送が模索されている．特に双方向放送によって，従来まったくなかったテレビサービスが展開しそうである．

　新しいモバイル受信は従来まったくなかったテレビサービスといえる．これまでにも普通の地上波アナログテレビを自動車で受信したり，衛星テレビを電車で受信したりしていたが，受信状態は不安定だった．これに対して地上デジタルテレビでは，直接携帯電話などに向けた放送が可能になり，今後かなり画質のよいテレビの映像を携帯電話やPDA（携帯情報端末）それに自動車で見られるようになる．このサービスは2003年12月の放送開始時には実現しなかったが，2005年ごろには実現する予定で，将来視聴者のライフスタイルを変える可能性もある．

　受信機の普及と視聴者の理解　どんなメディアでも普及しなければ，マスメディアとしての役割は果たせない．地上デジタルテレビ放送は，地域ごとに順次始まり，BSデジタルテレビのように全国一斉に受信が可能になるわけではない．それだけに普及は地域的に偏った形で進む．放送事業者や家電メーカーなどがつくる地上デジタル推進全国会議では，ワールドカップサッカーのある2006年には，3大都市圏を中心に1,000万世帯の普及を目指し，北京オリンピックのある2008年に2,400万世帯，法律上アナログテレビを終了させることになっている2011年の初めまでに1億台を普及して，全国4,800万世帯全部で地上デジタルテレビを見られるようにしようとしている．

　BSデジタルテレビの場合には，BSアナログ放送を先行させていたNHKを除いて，民放各社にとっては新しいチャンネルの開始で，モアチャンネルであった．これに対して地上デジタルテレビは，何よりも国が主導するアナログテレビの置き換えであり，かりに視聴者が現在のアナログテレビで十分だと思っても，いずれアナログテレビは映らなくなってしまうことがはっきりしている．

　また地上デジタルテレビの特色のうちハイビジョンと地域のデータ放送はすぐにメリットがはっきり分かるが，モバイル受信については，開始が遅れる見

込みで，双方向テレビのよさが分かるまでにも多少時間がかかりそうである．

それだけに政府も放送局，受信機メーカーも，視聴者に対してデジタルテレビへの切り替えについて徹底的な周知徹底を図る必要がある．2011年にアナログ放送終了という現在の期限は放送開始から8年足らずである．

日本より先に地上デジタルテレビを始めた外国の例を見ても，けっして普及は急速には進んでいない．しかし一方でケーブルテレビ，衛星テレビに加えて，ブロードバンドテレビが次つぎに登場している時代だけに，地上デジタルテレビの普及があまり遅いと視聴者が逃げかねない．日本でも世界でも地上デジタルテレビの普及は，21世紀最初の10年の大きな挑戦である．

§3　地上デジタルテレビの課題

デジタル放送と著作権　アナログの録画や録音では，コピーを繰り返すと画質や音質が劣化してしまう．ところがデジタル技術による録画や録音では，何回コピーしても画質などが劣化しない．このデジタル技術のすぐれた特長は，まず音楽の世界で悪用され，レコード会社が売り出すCDの音楽がインターネットで広く流されてあちこちで録音された．アメリカの裁判所は，インターネットで流す場を作った会社に著作権法違反で業務停止を命じ，この会社は倒産してしまった．日本でもBSデジタルテレビの放送を録画して，インターネットで競売にかけた人が逮捕されたことがある．このような著作権法違反の録画，録音は後を絶っていない．

放送番組には，ドラマの脚本，音楽の作詞，作曲，スポーツや映画の放送権，出演者など多くの著作権が絡んでいる．これらの権利が侵害されると，著作権者はデジタル放送によいコンテンツを提供しなくなってしまう．このため日本やアメリカの放送，映画業界が危機感を抱いて，録画の制限に乗り出した．

まず日本では，地上デジタルテレビやBSデジタルテレビで，2004年4月から放送局が番組を放送するときに，録画の回数を私的な録画1回に限る信号を同時に送ることになった．この信号を処理できる正規のデジタルテレビ受信

機であれば，これまで通りテレビを見て，1回だけは録画できる．すでに録画回数の制限は有料テレビでは行われていたが，無料のテレビでも著作権の保護のために導入されることになった．

またアメリカでも，2003年11月に，放送業界と映画業界が共同で開発した日本とよく似た録画制限，インターネット送信禁止の「放送フラッグ」という技術を，FCC（連邦通信委員会）が認定し，2005年7月までにデジタルテレビにこの技術が導入されることになった．

デジタル録画機とサーバー

デジタルテレビの時代に入って各種デジタル録画機が登場した（DVRとかPVRと呼ばれる）．パソコンと同じようにハードディスクに録画するのだが，単に録画だけでなく，エージェント機能とよばれる個人向け編成をする機能もあわせ持つものが出てきた．個人の好みによって，好きなジャンルの番組だけを自動的に収録する機能だ．このデジタル録画機が最初に問題になったのは，アメリカで民放のコマーシャルを自動的に飛ばして収録する機能を持っていたことだった．アメリカの地上波民放テレビは，今後広告を出す企業が減ってしまい，死活問題になるとして，訴訟を起こした．その後自動的にはCMを飛ばさないようにした機種も出たが，問題はまだ解決していない．

アメリカではすでに100万台以上普及した機種もあり，最近衛星テレビやケーブルテレビがセットトップボックスにデジタル録画機の機能を取り入れ始めたこともあって普及が加速してきた．デジタル録画機は，収録可能時間が急速に伸びており，これによって視聴者のテレビの見方が変わるのではないかという見方も出ている．アメリカの視聴率調査会社は，デジタル録画機を持つ視聴者の視聴習慣の変化を継続的に調査している．

次にサーバーの大容量化と家庭への導入の可能性である．業務用のサーバーの容量は，このところ急速に増えてつい先ごろまで不可能だった高画質の映像でもかなり長時間収録できるようになった．このため放送局では，外で取材した映像をいったんサーバーに送り込んで，そこから引き出して編集して番組を

作り，放送後はまたサーバーに入れて保存するという制作，放送，保存のトータルシステムがしだいに導入されつつある．

一方近い将来家庭にもサーバーが入って，テレビの録画だけでなく，別の録画機の映像も管理する時代がきそうである．すでにそれを見越してサーバーでの収録を前提にしたCSデジタル放送も始まっている．

このような動きが，放送やほかのメディアに与える影響が注目される．

双方向テレビの発達と文化の継承　最近の若い人たちは，パソコン上のゲームのように双方向のものに慣れ親しんでいて，一方的な話を聞くのは苦手だといわれる．コンピューターゲーム世代が増え，テレビでも視聴者の反応を番組に取り込む双方向性はアナログ放送の時代から導入されていたが，デジタルテレビになってリモコンから電話線を通して，あるいはインターネットと連携して視聴者が参加する双方向テレビが一層盛んになるものと思われる．若者は双方向でないと受け入れないとさえいわれる．

確かに人類の文化遺産は膨大になり，すべてをたどることができないばかりか，どこから取りかかればいいのか分からないことが多い．それでいながら，個性が強調される現代にあって誰でも自分を前面に出して主張したいし，自分が働きかけて反応があるものは，それなりに喜びを与えてくれる．双方向への志向の背景はこんなところにもあるように思われる．

一方デジタル時代には，相互に関係のない情報があちこちに分散して存在し，情報の統合による価値が見失われがちになる．デジタル時代は文化の分散の時代だともいわれる．

こういう時代に過去のすぐれた文化遺産をどう引き継いでいくのか．双方向行動によってえられる細切れの情報だけでは，文化は継承されにくいことがある．個人は過去の世代の体験を追体験して生きていることも多く，過去の文化遺産に今を解決するヒントが見つけられることも多いはずだ．

とすれば，デジタル放送は，双方向テレビで若者を引き付けつつ，文化を継承するために，時に若者が片方向でもじっくりと番組を見るように動機付けを

しなければならない．デジタルテレビでますます盛んになる双方向テレビ番組と片方向番組のバランスが，デジタルテレビ編成のキーポイントのひとつになると思われる．

デジタルによる新しい側面ばかりに目を取られずに，過去のすぐれた文化遺産からも学べる子孫を残していく必要がある．

アナログテレビの終了計画　デジタル放送が十分に普及すればアナログ放送は，放送を停止する．アナログ放送に使っていた電波を携帯電話など別の目的に活用するためである．しかしすぐれた技術が誕生しても，直ちに普及するわけではない．視聴者にとっては，新しい技術が人びとの生活にどのように役立ち，新しい受信機が安く手に入るかどうかが重要である．それにはかなりの時間がかかる．

世界で1番早く1998年から地上デジタルテレビが始まったイギリスでは，2003年末で受信機の普及がやっと250万台に達したところで，世帯に対する普及率は10％．2010年までにアナログテレビをやめる計画だが，まだ具体的な見通しは立っていない．

また同じ1998年に地上デジタル放送を始めたアメリカでは，2003年末では放送の見られるデジタルテレビの普及はまだ1％未満だという．アメリカでは当初2006年にはデジタルテレビへの移行を完了してアナログテレビを終了する計画だったが，とても実現できなくなっている．

オーストラリアでも世帯普及率は2003年10月で2.7％である．多くの視聴者は，まだ受信機も高いのでもう少し様子を見ようと思っているようである．

こんな中で西ドイツのベルリン地域は，2003年8月に世界で1番早く地上波のアナログテレビ放送を止めてしまった．それも地上デジタルテレビの放送を始めたのが，2002年10月末なので，わずか9カ月あまりで，アナログ放送を終了してしまったのである．なぜこんな離れ業ができたかというと，ベルリン地域では，もともとケーブルテレビや衛星放送に加入して地上波テレビを見ていた家庭が多く，アナログの地上波テレビを自宅のアンテナだけで見ていた

家庭が9％しかなかったことが大きい．そこへ行政当局や放送局が共同でテレビ，インターネット，リーフレットなどで大規模な広報キャンペーンを展開し，低所得世帯には，デジタルテレビを見られるセットトップボックスを無料で配布した．地域を限定した視聴者への集中的キャンペーンは，世界各国の注目を集め，アナログ放送終了のひとつのモデルになりそうである．

§4 メディア融合時代の放送

ブロードバンドの映像配信　1990年代の後半にインターネットテレビが登場した．最初のころは映像の画質が十分ではなく，大きな画面で見るのは無理で，パソコンの中の小さな画面で見ていた．それでも世界的に有名な歌手のコンサートが流されて，普通のテレビで放送がないときなど大きな話題になった．

ところがその後デジタル加入者線（DSL）が急速に普及し，ケーブルテレビの回線を使ったインターネット高速接続も増えてきた．これに光ファイバーが加わってブロードバンドが有線の大きな流れになってきた．2003年末現在世界で韓国の約70％を最高に，アメリカ，日本でも20％あまりまで普及してきた．

このような普及に合わせて，ブロードバンドで映像を配信するビジネスも始まり，ハリウッドでは，大手映画会社が共同で加入者に映画を有料配信する試験も始まった．これにはCDの音楽が著作権を無視してインターネットで勝手に交換されたようなことが，映画で起こるのを防ぐために，先手を取って有料配信に乗り出したという事情もあるようだ．

ブロードバンドの映像配信は，日本でも定着し，イベントの中継やショート・ドラマなどさまざまなコンテンツが配信されている．

ブロードバンドの普及が遅れ気味だったヨーロッパでも，2003年にはさまざまな有料配信が始まった．イギリスでは，衛星テレビのBスカイBがブロードバンドでも，ニュース，スポーツ，エンターテインメントを配信し，フラ

ンスでも衛星テレビ会社が配信に加わった．イタリアではサッカーの試合のブロードバンド生中継が行われている．またイギリスの公共放送，BBC では，ブロードバンドを使って，豊富な番組ライブラリーを活用した教材をインターネットで提供する「デジタルカリキュラム」や一般の人に過去のすぐれた番組の一部を見てもらうアーカイブ公開の計画を進めている．

　こうしたブロードバンド配信の発展で，ブロードバンドテレビという言葉も登場した．まだブロードバンドテレビのビジネスが確立したとはいえないが，今後しだいにデジタルテレビ放送との競争が激化しそうである．

　デジタルテレビの携帯への放送は革命か　携帯電話でのインターネット接続があっという間に広まった後，携帯での静止画送受信も急速に普及した．第3世代の携帯電話による動画配信は，当初はスロースタートだったが，徐々に伸びてきた．

　そこへ地上デジタルテレビの放送が近く携帯でも見られるようになるという．固定テレビへの放送とは違う圧縮方式で，画質は大きな画面にすれば落ちるが，携帯の小さな画面には十分だ．2003 年 12 月 1 日の地上デジタルテレビ開始と同時には間にあわなかったが，2005 年ごろには始める計画だという．

　すでに携帯電話ではさまざまな動画が流れているし，韓国やアメリカなどでは，画質はともかく地上波テレビの携帯向け送信も始まっている．

　しかし日本で各放送局が一斉に地上デジタルテレビを携帯向けに同時放送すれば，視聴者のライフスタイルにも大きな影響を及ぼしそうである．たとえば勤め帰りのサラリーマンが携帯で野球のテレビ生中継を見ながら帰宅することができる．今はラジオの生中継を聞くか，携帯で文字が中心の途中経過を見るほかない．これが映像付きの生放送となると格段の魅力があるだろう．もちろん携帯電話のバッテリーの持続時間が問題になるが，こちらのほうも将来は長時間使える電池が開発されてくるだろう．

　今後携帯電話画面の情報量を補う携帯情報端末（PDA）もさらに発達してくるだろう．自動車の中でもカーナビの画面を見るようにテレビが見られるよう

になる．携帯電話の側でも放送に対抗して次々に独自のサービスを提供してくるだろう．

まさにいつでもどこでもテレビが見られる，情報が得られるユビキタス情報社会の到来が間近に迫っている．そこにはいつでも，どこでも情報が得られることによる車の安全性の確保や個人の生活時間の振り分けなど新しい問題も付随してくるわけで，人間の判断の大切さが改めて浮き彫りにされるだろう．

<u>メディア融合時代と著作権</u>　放送局は従来番組を作るときに放送だけに使うことを前提にして，関連の著作権問題を処理していることが多く，映画のようにすべての権利を最初から買い取る例は少なかった．したがって番組をブロードバンドで配信するなど放送以外で使う場合には，改めて著作権者の許諾をえたり，使用料を払ったりしなければならないことが多い．携帯電話でも，放送受信以外は同じ扱いだ．アメリカではラジオ放送局がインターネットで放送と同じ音楽を同時に流したのに対して，著作権者側が訴訟を起こし，インターネットでの配信には別の権利処理が必要という判決が出た．

ブロードバンド時代になって配信するコンテンツがますます不足気味になり，放送局に蓄積された膨大なコンテンツが改めて注目されているが，放送局もそう簡単に番組が提供できない．

著作権については，最近2つの動きが対立している．ひとつはデジタル時代に入って著作権など知的所有権の保護を強める動きで，各国の著作権の有効期間は長くなる一方でである．アメリカでは1928年にはじめて登場したミッキーマウスの映画の著作権が今では95年有効になって，2023年まではミッキーマウスの意匠を使ったキャラクターは勝手に作れない．

一方インターネットの時代になって，多くの人が自由に情報データを交換できるようになり，知的な成果を公共領域に属するものとして共有していこうという考え方も強くなってきた．コンピューターの基本ソフトのリナックスが基盤の部分は無料で公開され，利用者が自由に改変できるようにした例もある．

このように，知的な創造をした人に対する敬意と報酬に重きを置く考え方と，

自由な流通を促進して文化の向上に力点を置く考え方の対立はもともと現行の著作権法制に内包されているが，デジタル放送とほかのメディアの融合が進むにつれて，改めて基本原則から検討する必要がありそうだ．

放送の特性活用とアイデンティティーの再確立　放送と通信の融合，メディアの融合の時代になったといわれる．これまでに放送を中心にデジタル融合時代を垣間見てきたが，通信などの分野から放送側を見れば，今後放送が培ってきた数多くの番組制作の手法を使うとともに，デジタル技術を生かしたさまざまなコンテンツを用意して加入者に提供してくるものとみられる．やがては放送に追いつき，追い越すコンテンツも登場するだろう．

そうなると放送は一体何をすればよいのか．よりよいコンテンツをつくって競うのは当然として，20世紀に誕生して80年ほどの間に大いに発展した放送は，もう一度自らの足元を見つめ直して，新しい時代に生き残る方法を見つけなければならない．

この場合放送は，まず自らの特性をもう一度考えることから始める必要があるだろう．放送は何よりも不特定多数の人に今を伝えられる．生中継は放送の原点である．瞬時に大勢の人に情報を伝えることにかけては，ほかのメディアを圧倒的にリードしている．この特性が大いに生きるのは，災害報道である．ラジオもなかった関東大震災のときのデマによる大惨事のようなことは，その後の放送時代には繰り返されていない．

放送はまた80年の歴史の中で，数多くの番組を作ってきた．技術の進歩とともにこれらの番組は，記録して保存できるようになり，デジタル時代には何回でもコピーして再利用できるようになった．放送局には膨大な番組の蓄積がある．この蓄積を生かして，電波だけでなく，ブロードバンドなどで配布して活用しない手はない．放送コンテンツのマルチユースは，文化の交流発展のためにも重要である．

放送は，生中継，コンテンツの蓄積をフルに生かして，デジタル技術がもたらした新しいメディアの融合時代に，自らのアイデンティティーを再確立し，

情報社会での存在理由を改めて示す必要がある.

(隈部　紀生)

参考文献
「地上デジタル放送懇談会報告書」地上デジタル放送懇談会　1998年
総務省編『平成15年版情報通信白書』ぎょうせい　2003年
日本放送協会編『20世紀放送史』日本放送協会　2001年
NHK放送文化研究所編『データブック世界の放送2003』日本放送出版協会　2003年
Joel Brinkley, *Defining Vision*, Harcourt Brace, 1997.
Bruce M. Owen, *The Internet Challenge to Television*, Harvard University Press, 1999.

IX ローカル放送局の現状と課題

§1 「地域放送」とネットワーク

民間放送局は「地域を基盤」とする　NHKを除く地上波の一般放送事業者（民間放送）は，2003年12月現在，テレビ127社，ラジオ（FM局を含む）101社である．うち35社はラ・テ兼営であるため，事業者数は193社となっている（図IX－1参照）．この他にコミュニティーFM局と呼ばれる20W以下の小規模のラジオ局が162局（2002年末現在）存在する．広い意味でのローカル放送局には，こうしたコミュニティーFM局や自主放送を行うケーブルテレビ局も含まれるが，この項では，主として民間テレビ放送局127社をとりあげ，ローカル放送局の現状と課題を概観する．

　民間放送事業者は電波法第4条に基づく免許を受ける．免許の有効期限は5年間であり，5年ごとに再免許手続きが行われる（電波法13条，電波法施行規則第7条）．一方，どのような放送局をどこに設置するかという民間放送局の置局および放送区域等に関しては，放送法第2条の2に基づき総務大臣が策定する放送普及基本計画により定められる．

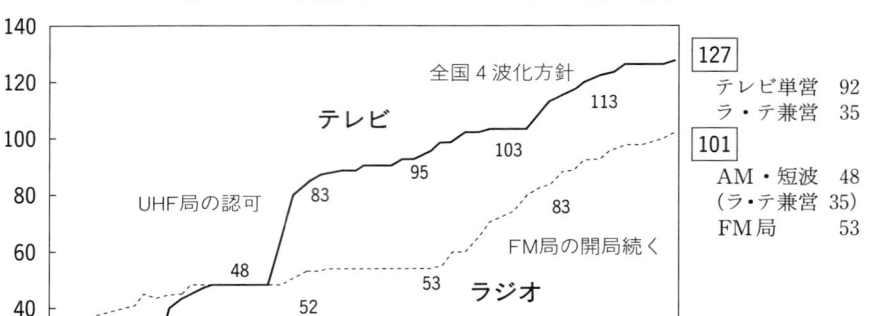

図 IX-1　民放（テレビ・ラジオ）局数の推移

グラフ中の注記：
- 全国4波化方針
- UHF局の認可
- テレビ局に大量免許
- FM局の開局続く
- テレビ：16, 14, 48, 83, 95, 103, 113, 127
- ラジオ：52, 53, 83, 101

127
テレビ単営　92
ラ・テ兼営　35

101
AM・短波　48
（ラ・テ兼営 35）
FM局　　　53

注）ラジオ局としてはこの他に、「コミュニティーFM局」（出力20W未満）がある．
出所）民放連資料から作成

　ここで重要なのは，民間放送局は「地域」を基盤にしているという点である．放送普及基本計画（1988年郵政省告示第660号）では，民間放送局は「放送事業者の構成および運営において地域社会を基盤とするとともに，その放送を通じて地域住民の要望に応える」とされている．

　置局基盤を「地域」とすることは，民間放送の開始，すなわち1951年の民放ラジオ14地区16社への予備免許交付以来の基本的考え方であり，民放テレビについても同様の方針がとられている．1957年のテレビ放送局34社への第1次大量免許交付にあたって郵政省（現総務省）がつけた付帯条件には，各放送局の放送区域に関し，関東・中京・関西については，「関東広域圏（東京など1都6県）」「中京広域圏（愛知・岐阜・三重）」「近畿広域圏（大阪・京都・兵庫・滋賀・奈良・和歌山）」とし，それ以外の地域は「県域」とすることが明示された．（「県域」の例外として「岡山・香川」「鳥取・島根」がある）．「県域」を原則としつつ，関東・中京・関西については，「基幹地域」「準基幹地域」として，一定の広がりをもつ地域が設定されたものである．

同付帯条件では民間放送局は，資本的にも人的にも「地域社会と密接に，かつ公正に結合していること」とされている．また，上記放送普及基本計画では，「情報の多元的な提供および地域性の確保」がうたわれている．

地域社会と健全な民主主義の発展　このように，民間放送の存立基盤を「地域」とし，地域に密着した多元的な放送を義務づけているのは，放送法の理念である「放送が健全な民主主義の発展に資する（放送法第1条）」ことを目的としたものと理解される．すなわち，公共財としての電波資源を使用する放送事業者の公的使命は，地域の社会生活の基本となる情報を，エリアにあまねく公平に，かつ多元的に提供することにより，地域住民の安全で豊かな生活を守るとともに，地域の民主主義の健全な発達に貢献することと位置づけられている．

「情報の多元的な提供および地域性の確保」の原則をより具体化するために設けられているのが，「放送局の開設の根本的基準」第9条に規定された「マスメディア集中排除原則」である．マスメディア集中排除原則では，「地上放送局の複数支配の禁止」を規定し，他の事業者への出資を「同一放送地域」で10分の1，「異なる放送地域」で5分の1に制限するとともに，役員の兼務にも制限を設けている．また，「地上波テレビ，中波ラジオ，新聞の3事業支配の原則禁止（ニュース等を独占的に提供するおそれのある場合に限定）」等を規定し，地域に基盤をおく地上波民間放送局の独立性の担保および言論の多元性，多様性の確保をはかっている．

「ネットワーク」の存在　以上のような基本的法制度のもとに，民間放送局は，広域局を含め，それぞれが「地域」を基盤とした独立した株式会社として，地域を対象に放送を行っている．しかし，現実には，それらの局は地域ごとにバラバラに放送を行っているのではなく，多くの社が関東広域圏を放送エリアとする在京民放局をキーステーションとする「系列」としてのネットワークに加盟している．ローカル放送局を論ずる上で，ネットワークはきわめて重要な意味をもっている．

民放テレビ局では，現在，在京の日本テレビ，TBS，フジテレビ，テレビ朝日，テレビ東京の5社がキーステーションとなり，その系列として中京広域局，近畿広域局，各地の県域テレビ局が連なっている．在京の「キー局」に対し，中京・近畿の広域局は「準キー局」と呼ばれる（図IX‒2参照）．

ネットワークを構成する局数は各系列それぞれ26局から30局（テレビ東京系は6局）．一部地域の局は，複数のネットワークと協力関係を持つクロスネット局である．民放テレビ局127社のうち，ネットワークに所属する局はキー局を含めて合計114社．残りの県域UHF局13社は，どこのネットワークにも所属していない「独立U局」と呼ばれる局である（「ローカル放送局」「地方局」という呼称は，キー局以外のすべての民放テレビ局を指して用いられる場合と，キー局，準キー局を除いた独立U局を含む県域局の呼称として用いられる場合がある）．

「事実上の存在」としてのネットワーク　ネットワークは，日本の放送法制上は規定されていない存在である．ネットワークは，テレビ放送50年の歴史の中で，地域放送局相互の報道・編成等の必要に応じて，「事実上の存在」として，組織され発展してきた．

1958年，TBS（当時・ラジオ東京テレビ）と北海道放送（札幌），中部日本放送（名古屋），朝日放送（当時・大阪テレビ），RKB毎日放送（福岡）の5社が，ニュース取材，報道を連携して行うために，「テレビニュースに関するネットワーク協定」を結び，この協定をベースに，翌1959年，全国16社が加盟するJNN（Japan News Network）が結成された．このようにネットワークは当初はニュース取材，報道の協力を目的として成立したが，やがて番組流通機構としてのネットワークに発展し，番組流通のための各種協定が順次締結された．各地のテレビ局が開局するとともにJNN加盟局も広がった．

こうしたJNNの動きに対抗して日本テレビも事実上のネットワークを構築し，1966年4月，正式にNNN（Nippon News Network）を発足させた．続いて，同年10月にはフジテレビがFNN（Fuji News Network）を，また1970年にはテレビ朝日（当時・日本教育テレビ）がANN（All-Nippon News Network）を

スタートさせた．テレビ東京は，1983年，現在のTXN（TX Network）の前身である「メガTONネットワーク」（Megalopolis Tokyo-Osaka-Nagoya Network）を組織した．

番組流通機構としてのネットワークの成立は，番組配給側のキー局にとっては，高額の番組制作費を全国流通によって回収するとともに，全国スポンサーの獲得を容易にする効果を生む．一方，加盟各局にとっては自力では制作できない規模の番組を放送できる効果をもたらす．とくに資金力や制作力の弱い地方の県域局では，自力で1日の番組を編成することは不可能であり，ネットワークによる番組供給は局の経営・運営上必須のものであった．

初期の番組流通に関するネットワークのしばりは緩やかなものだったが，民放テレビ局の開局が進み，各地域の局がそれぞれのネットワーク系列に色分けされていく過程で，次第に系列を超えた番組流通は減り，結果としてネットワークの排他的色彩も強まった．とくに1980年代に進行した「全国4局化」以降は，一部のクロスネット局を除いて，系列ネットワーク以外からの番組購入はわずかとなった．

放送法52条の3には，「一般放送事業者は，特定の者からのみ放送番組の供給を受けることとなる条項を含む放送番組の供給に関する協定を締結してはならない」と定められている．しかし，どの系列も協定の文言上は必ずしも排他性を打ち出していないうえ，ネットワークによる番組流通が地方の番組を豊かなものにしてきたこと，また情報の地域格差の解消にも役立つものであることから，ネットワークとこの条項との関係が問題になったことはない．

「ネットワーク」の仕組み　ネットワークの具体的な仕組みは単純ではない．どの系列も「ネットワーク基本協定」「業務協定」「ニュース協定」といった協定を，系列全体として，あるいはキー局と各社が個別に結んでいるが，運用のあり方は系列により微妙に異なっている．

ネットワークの機能は，①ニュース取材網としてのネットワーク，②番組配給機構としてのネットワーク，③営業システムとしてのネットワーク，の

図 IX-2　民間放送ネットワーク

都道府県	TBS系列 （JNN　28局）	日本テレビ系列 （NNN　30局）	フジテレビ系列 （FNN　28局）
北海道	北海道放送	札幌テレビ放送	北海道文化放送
青森	青森テレビ	青森放送	
岩手	アイビーシー岩手放送	テレビ岩手	岩手めんこいテレビ
宮城	東北放送	宮城テレビ	仙台放送
秋田		秋田放送	秋田テレビ
山形	テレビユー山形	山形放送	さくらんぼテレビ
福島	テレビユー福島	福島中央テレビ	福島テレビ
東京 群馬 栃木 茨城 埼玉 千葉 神奈川	TBS	日本テレビ	フジテレビ
新潟	新潟放送	テレビ新潟放送網	新潟総合テレビ
長野	信越放送	テレビ信州	長野放送
山梨	テレビ山梨	山梨放送	
静岡	静岡放送	静岡第一テレビ	テレビ静岡
富山	チューリップテレビ	北日本放送	富山テレビ
石川	北陸放送	テレビ金沢	石川テレビ
福井		福井放送	福井テレビ
愛知 岐阜 三重	中部日本放送	中京テレビ	東海テレビ
大阪 滋賀 京都 奈良 兵庫 和歌山	毎日放送	讀賣テレビ	関西テレビ
鳥取 島根	山陰放送	日本海テレビ	山陰中央テレビ
岡山 香川	山陽放送	西日本放送	岡山放送
徳島		四国放送	
愛媛	あいテレビ	南海放送	愛媛放送
高知	テレビ高知	高知放送	高知さんさんテレビ
広島	中国放送	広島テレビ	テレビ新広島
山口	テレビ山口	山口放送	
福岡	アール・ケー・ビー毎日放送	福岡放送	テレビ西日本
佐賀			サガテレビ
長崎	長崎放送	長崎国際テレビ	テレビ長崎
熊本	熊本放送	熊本県民テレビ	テレビ熊本
大分	大分放送	テレビ大分	テレビ大分
宮崎	宮崎放送	テレビ宮崎	テレビ宮崎
鹿児島	南日本放送	鹿児島讀賣テレビ	鹿児島テレビ
沖縄	琉球放送		沖縄テレビ

IX　ローカル放送局の現状と課題　147

系列一覧（2003年12月1日現在）

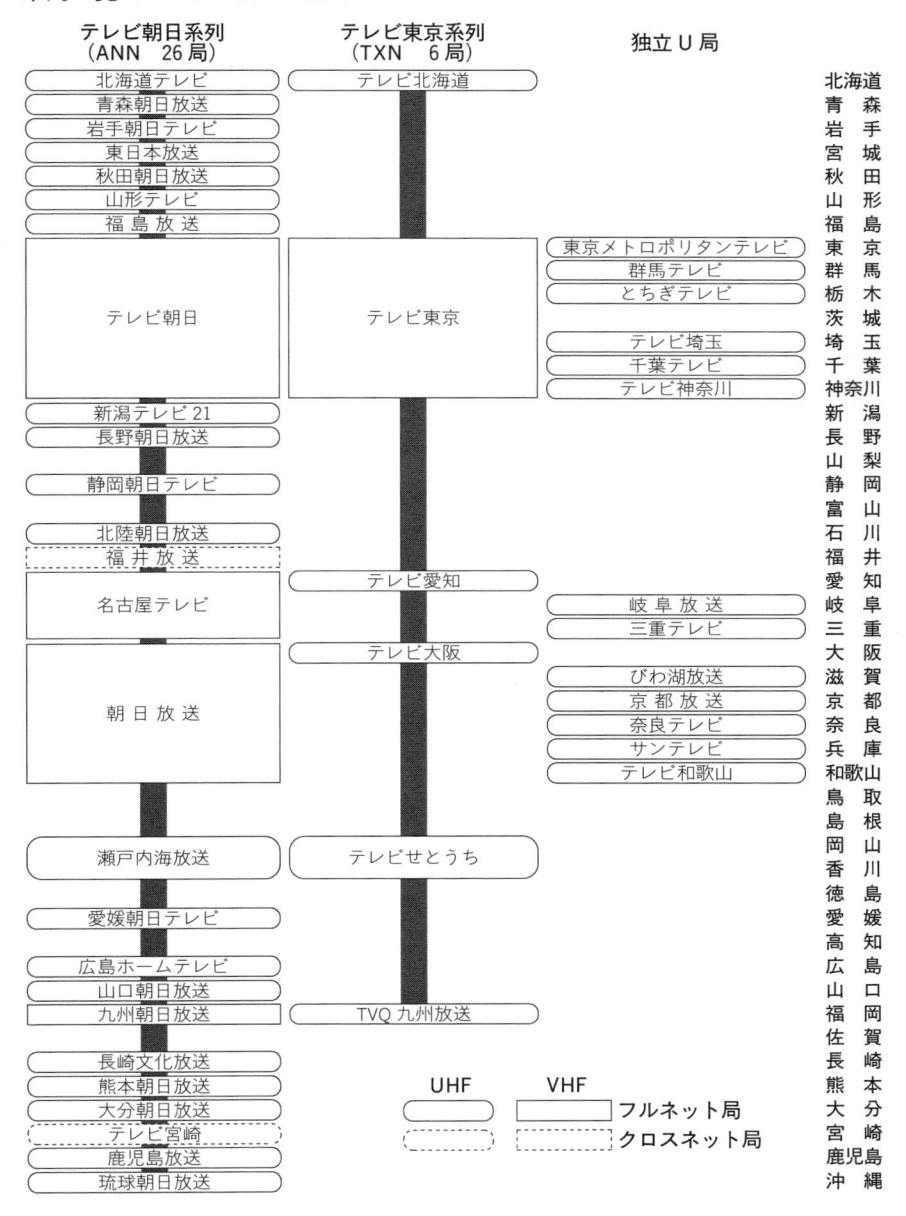

テレビ朝日系列 （ANN　26局）	テレビ東京系列 （TXN　6局）	独立U局	都道府県
北海道テレビ	テレビ北海道		北海道
青森朝日放送			青森
岩手朝日テレビ			岩手
東日本放送			宮城
秋田朝日放送			秋田
山形テレビ			山形
福島放送			福島
テレビ朝日	テレビ東京	東京メトロポリタンテレビ	東京
		群馬テレビ	群馬
		とちぎテレビ	栃木
			茨城
		テレビ埼玉	埼玉
		千葉テレビ	千葉
		テレビ神奈川	神奈川
新潟テレビ21			新潟
長野朝日放送			長野
			山梨
静岡朝日テレビ			静岡
			富山
北陸朝日放送			石川
福井放送			福井
名古屋テレビ	テレビ愛知		愛知
		岐阜放送	岐阜
		三重テレビ	三重
朝日放送	テレビ大阪		大阪
		びわ湖放送	滋賀
		京都放送	京都
		奈良テレビ	奈良
		サンテレビ	兵庫
		テレビ和歌山	和歌山
			鳥取
			島根
瀬戸内海放送	テレビせとうち		岡山
			香川
			徳島
愛媛朝日テレビ			愛媛
			高知
広島ホームテレビ			広島
山口朝日放送			山口
九州朝日放送	TVQ九州放送		福岡
			佐賀
長崎文化放送			長崎
熊本朝日放送			熊本
大分朝日放送			大分
テレビ宮崎			宮崎
鹿児島放送			鹿児島
琉球朝日放送			沖縄

UHF ○ / VHF □　フルネット局
UHF ⋯○⋯ / VHF ⋯□⋯　クロスネット局

3つの側面をもつ．

「ニュース取材網としてのネットワーク」は，全国ネットニュースの取材・報道を協力して行うシステムである．加盟各社にはそれぞれの放送区域内で起こった出来事について取材義務が課せられる．各系列は，それぞれ，加盟各社が市場規模に応じて出資する「ニュース基金」と呼ばれるプール金制度をもち，一定のルールで，基金を国際ニュースを含む全国ネットニュースの取材・報道・素材購入の費用にあてている．ネットワークニュースは同時刻に同内容で放送することが義務づけられており，他系列のニュースは放送時刻に関係なく放送することが許されない．

「番組配給機構としてのネットワーク」は，キー局（一部準キー局）が豊富な制作費とスタッフをかけて制作した番組を全国ネットとして供給する機能であり，具体的には，ゴールデンタイム，プライムタイム，朝，昼の高い視聴が期待できる時間帯を「ネットワークタイム」に指定．この時間帯は同一のネット番組を放送することを義務づける（図IX－3参照）．ネットワークタイムは，全放送時間のおよそ70％に達する．

ネットワークタイムに別の番組をローカル編成することは認められない．したがって，時には，「首長選など重要な地方選挙の結果を速報番組として伝えられない」「ネット番組より地元では視聴ニーズの高い地元球団の試合等を生で放送できない」などの不満も生ずるが，総体としてみればローカル局の番組編成にとってネット番組は不可欠であり，その恩恵に浴するところが大きい．

「営業システムとしてのネットワーク」は，ネットワーク番組の広告主へのセールス，広告費の分配（「ネットワーク配分」と呼ばれる）についての仕組みである．ネットワーク番組の広告主へのセールスには，キー局が一括してセールスし，広告費の一部を各局に配分する「一括セールス（キー局配分）」と，代理店が広告主にセールスし，各局が個別に代理店と配分を交渉する「個別セールス（代理店配分）」の2種類がある．いずれにしても，ローカル各局にとっては，キー局（一部準キー局）から全放送時間のおよそ70％の番組の供給を受け，そ

図 IX-3 「ネットワーク・タイム」のイメージ

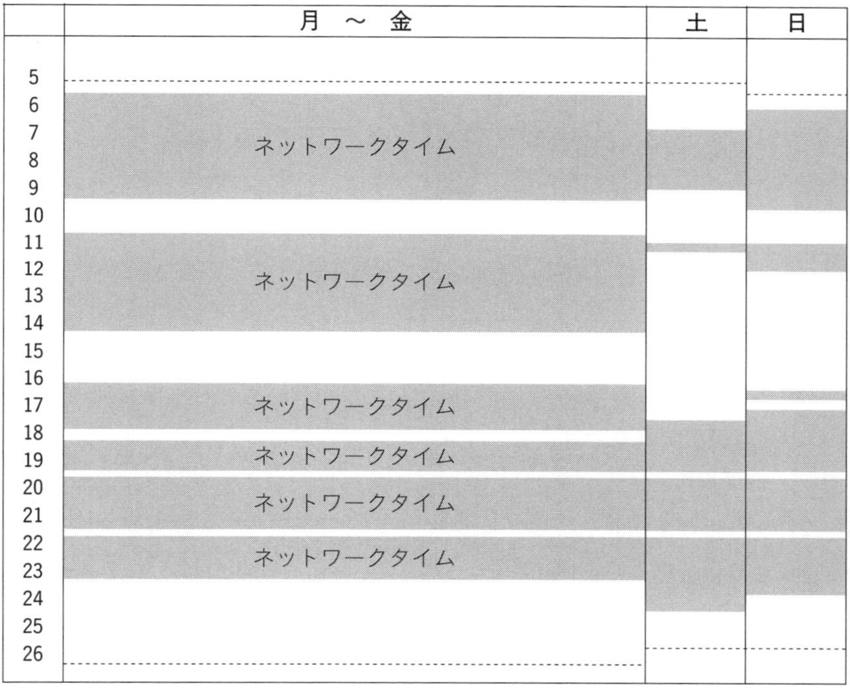

時刻	月～金	土	日
5			
6			
7	ネットワークタイム		
8			
9			
10			
11			
12	ネットワークタイム		
13			
14			
15			
16			
17	ネットワークタイム		
18			
19	ネットワークタイム		
20			
21	ネットワークタイム		
22			
23	ネットワークタイム		
24			
25			
26			

れらの番組については、自ら販売の労力とコストをかけなくても、広告費の配分を受け取れる仕組みである。

「ネットワーク配分」がローカル各局の経営に占める比重はきわめて高い。図 IX-4 は平均的ローカル局の営業収入の費目別割合を示したものだが、この表で明らかなように、キー局、準キー局、代理店からのネットワーク配分による収入は、タイム収入（番組セールスによる収入）の3分の2、スポット収入を含めた総収入のおよそ30％を占める。この収入が減るようなことがあれば、ローカル各局はたちまち窮地に陥ってしまう。

ローカル放送局の自社制作　ローカル局のローカル編成枠は、ネットワークタイム以外の時間、すなわち全放送時間のおよそ30％であり、これらの枠

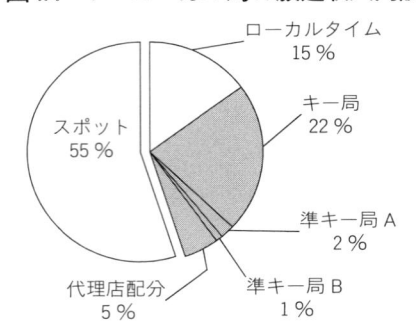

図 IX-4　ローカル局の放送収入内訳

- ローカルタイム 15％
- キー局 22％
- 準キー局A 2％
- 準キー局B 1％
- 代理店配分 5％
- スポット 55％

は「自社制作番組」と「購入番組」によって埋められている．

　ローカル編成枠のどの程度を自社制作しているか，すなわち自社制作番組比率は，局の規模や経営方針によって異なっており，もっとも自社制作比率の高い局で25％程度，少ない局では10％に満たない．デジタル時代に向けての放送制度のあり方を検討してきた総務大臣の諮問機関「放送政策研究会」が，2003年2月に公表した最終報告には，ローカル局の自社制作比率は平均14％（2001年度）という数字が示されている．

　「購入番組」は，ローカル局がキー局等の番組を購入してローカルタイムに放送するもので，キー局のドラマや時代劇の再放送が購入番組としてもっともポピュラーである．これらの番組は購入費も比較的安く，一定の視聴率が見込めるためスポット収入も期待できる．ローカル局が独自に購入する番組である以上，他系列からの番組を購入することも可能であるが，その多くは同一地域内にその系列の局がない場合であり，大半の購入番組はキー局，準キー局など系列内からの購入である．ネットワーク番組に購入番組を加えると，ローカル局の番組面でのキー局依存度は80％から90％ときわめて高い．

　こうした番組面でのキー局依存，自社制作率の低さについては，多くの論者から「ローカル局の自社制作努力の不足」が指摘される一方，「ネットワークによって番組が画一化され，地域の自由な番組編成が阻害されている」とのネットワーク批判もしばしば提起される．

しかし，全国の広告市場規模のおよそ50％をもつ関東キー局に対し，平均的ローカル局のもつ市場規模は全国の1％前後．制作費も人員も限られているローカル局がネットワーク番組に代わる番組を制作したり，ローカル編成枠を自社制作で埋めることは至難である．がんばって制作コストとスタッフをかけて自社制作番組を編成しても，地方のとぼしい広告市場ではなかなかセールスの見込みはたたない．現実は，自社制作番組のほとんどが営業的には赤字というのが実態である．その意味では，ローカル局の自社制作率平均14％（2001年度）という数字は，ローカル局のギリギリの努力の結果ともいえる．

　とくに報道番組に限ってみれば，自社制作率は37.1％にのぼっている（「放送政策研究会・最終報告」）．ローカル局が厳しい経営環境の中で，ローカルニュースおよび地域情報番組を制作，放送し，地域の社会生活に必要な情報を提供していることに目を向ける必要がある．

　放送政策研究会の最終報告では，「（キー局が）ローカル局に番組を提供することにより，ローカル局の経営安定化に資する効果も生んできた．また，それが，ローカル局におけるコストのかかる自主制作番組の制作，地域性の確保につながってきた面も否めない」とネットワークの存在を評価するとともに，「たとえ自主制作比率が約1割であったとしても，ひとつの県に複数のローカル局が設立され，それらのローカル局がその自主制作番組の中で地域に密着した情報を流すことによって，放送の地域性が確保されてきた面があることに留意する必要がある」と指摘している．

　代理店の役割　ここで代理店とローカル局の関係について若干補足する．代理店といっても電通，博報堂といった大手から地方の小規模の代理店，特定企業の広告を取り扱うハウスエージェンシーまであり方はさまざまである．大手代理店は単なる広告の仲介業にとどまらず企業のブランド戦略立案やマーケティングを行うなど総合広告会社としての機能を果たしている．

　前述のネットセールスにおける代理店配分を行うのはこうした大手代理店である．代理店配分がローカル局の収入に占める割合は5％程度（図IX-4）で

あるが，それ以外のローカルタイムセールス，スポットセールスにおいても，ほとんどの広告を代理店が取り扱っていることを考えると，ローカル局経営における代理店の比重は極めて高い．

ローカル局営業の実態からいえば，放送局が広告主と直接取引する直販はごくわずかであり，大部分が代理店経由となる．とくに東京支社では，営業部員の仕事の多くは代理店を回って，その代理店が扱う広告主の広告出稿をお願いするというものが大半である．すなわち，まず代理店担当者を説得できなければ広告は出稿されない．

ローカル局の自社制作率が低い背景に，こうした代理店との関係があるとする指摘もある．代理店にしてみれば，東京の番組の再放送であれば広告主に説明しやすいが，ローカル制作番組の場合は，どういう番組であるか，どの程度の数字が見込めるか等を一から把握し，広告主に説明しなくてはならない．あまたあるローカルの自社制作番組についてそうした手間をかけるより，再放送番組を売る方がはるかに手っ取り早い．ローカル制作番組はなかなか売れないというのはこうした理屈である．

ローカル放送局が理念としての「地域性」を前面に打ち出して，特色ある自社制作番組を作っていくには，資金，制作人員の乏しさに加えて，ビジネス環境の面でも多くの困難を乗り越えなければならないのである．

§2　デジタル時代のローカル局経営

厳しいローカル局経営　2003年12月1日，関東・中京・関西の3大広域圏で，地上デジタルテレビ放送が開始された．その後のスケジュールは，2006年までに全国すべての地区で地上デジタルテレビ放送を開始，2011年7月24日に現在の地上アナログテレビ放送を終了させることになっている．デジタル放送開始からアナログ放送終了までの期間は，デジタル・アナログのサイマル放送が行われる．

デジタル化は放送事業者にとって「第2の開局」とされる一大事業である．

IX ローカル放送局の現状と課題　153

それは「見るテレビから使うテレビへ」あるいは「新たなビジネスチャンスの創出」などと喧伝される一方で，大きな環境変化を地上波放送事業者にもたらす．とくに，デジタル化にともなう環境変化と設備投資負担はローカル放送局の経営にとってきわめて重大な影響をもたらすものと考えられる．

そこで，まず，ローカル局経営の現状をデータで概観する．表IX－1は民放連資料をもとに独立U局を除く，すなわちネットワークに加盟する民放テレビ局114社の2002年度の営業収入（ラ・テ兼営局はテレビ収入のみ）を一覧表にしたものである．シェアの欄にある数字はその社のテレビ収入が系列全体のどの程度の比率であるかを示している．

一見してあきらかなように，民放テレビ局の営業収入の49％から55％（テレビ東京を除く）は関東キー局に集中しており，準キー局と呼ばれる関西局のシェアは11％から16％，中京地区は6％あまり，つまり，東名阪の3大広域圏のキー局，準キー局の売り上げが民放テレビ収入全体の68％から73％を占めている．つまり，残りの30％前後の売り上げを99局の一般的なローカル局が分けあっていることになる．

おおよそでいえば，ローカル局の平均的市場規模は各系列の1％前後，およそ50億円前後を売り上げ，3億から4億の経常利益を上げるというのが平均的な姿であり，中には経常赤字を出している局もある．平成新局とよばれる新しい局の中には単年度でようやく黒字にはなったものの，累積赤字をかかえているところも多い．

長引く不況の中で，2000年度に約2兆3,425億円であった民放テレビの総売り上げは，2001年度には約2兆2,985億円，2002年度には約2兆2,390億円と2年連続で減少している（「週刊TV研究」2003年7月14日号　放送ジャーナル社）．しかも，広告投下の関東一極集中の傾向は，年々強まっている．民放連調査によれば，1971年に43％程度だった関東地区のシェア（独立U局を含む）は，2002年には約53％に達している．ローカル局の経営環境は厳しくなる一方である．

表 IX-1　ネットワーク系列別テレビ営業収入（2002年度）

単位　百万円

エリア	日本テレビ系列 営業収入	(シェア)	TBS系列 営業収入	(シェア)	フジテレビ系列 営業収入	(シェア)	テレビ朝日系列 営業収入	(シェア)	テレビ東京系列 営業収入	(シェア)
関　東	286,270	52.1%	234,004	50.7%	302,343	54.5%	186,368	48.7%	90,774	71.8%
関　西	62,759	11.4%	57,606	12.5%	67,844	12.2%	61,550	16.1%	12,570	9.9%
中　京	29,310	5.3%	29,361	6.4%	35,090	6.3%	23,845	6.2%	9,215	7.3%
北海道	15,759	2.9%	11,332	2.5%	12,138	2.2%	11,212	2.9%	4,325	3.4%
福　岡	14,763	2.7%	14,573	3.2%	14,362	2.6%	14,290	3.7%	6,177	4.9%
青　森	6,370	1.2%	4,607	1.0%			3,870	1.0%		
岩　手	5,010	0.9%	3,817	0.8%	3,755	0.7%	2,993	0.8%		
秋　田	5,075	0.9%			4,813	0.9%	3,444	0.9%		
宮　城	8,854	1.6%	6,813	1.5%	9,327	1.7%	6,278	1.6%		
山　形	4,701	0.9%	2,697	0.6%	2,250	0.4%	3,806	1.0%		
福　島	6,115	1.1%	4,504	1.0%	6,313	1.1%	4,524	1.2%		
新　潟	6,446	1.2%	5,756	1.2%	7,169	1.3%	4,765	1.2%		
長　野	5,505	1.0%	5,900	1.3%	5,814	1.0%	4,600	1.2%		
静　岡	7,731	1.4%	9,380	2.0%	8,937	1.6%	7,449	1.9%		
山　梨	4,912	0.9%	3,866	0.8%						
富　山	5,360	1.0%	3,038	0.7%	5,000	0.9%				
石　川	4,336	0.8%	4,118	0.9%	4,512	0.8%	3,378	0.9%		
福　井	5,875	1.1%			5,011	0.9%				
鳥取・島根	5,057	0.9%	4,108	0.9%	4,097	0.7%				
広　島	10,130	1.8%	9,057	2.0%	9,014	1.6%	8,442	2.2%		
山　口	5,910	1.1%	3,513	0.8%			3,394	0.9%		
岡山・香川	7,988	1.5%	7,491	1.6%	7,634	1.4%	6,387	1.7%	3,385	2.7%
徳　島	5,590	1.0%								
愛　媛	5,160	0.9%	3,402	0.7%	4,934	0.9%	3,559	0.9%		
高　知	4,627	0.8%	3,687	0.8%	2,656	0.5%				
佐　賀					3,377	0.6%				
長　崎	4,067	0.7%	4,476	0.97%	4,956	0.9%	3,630	0.9%		
熊　本	5,747	1.0%	5,407	1.17%	6,182	1.1%	3,959	1.0%		
大　分	5,230	1.0%	4,568	0.99%			3,711	1.0%		
宮　崎			5,255	1.14%	6,434	1.2%				
鹿児島	4,284	0.8%	4,961	1.07%	5,208	0.9%	3,992	1.0%		
沖　縄			4,553	0.99%	5,382	1.0%	3,592	0.9%		
	548,941		461,850		554,552		383,038		126,446	

出所）民放連資料から作成

重いデジタル設備投資　そうした中で，各ローカル放送局は2006年までにデジタル放送のための設備投資を行う．問題はその投資額である．

2003年9月に民放連研究所が行った試算（「放送産業の長期展望――デジタル化による民放経営の変化――」2003年10月29日）によれば，民間放送局のデジタル放送のための設備投資総額は，送信関係設備と局内設備等をあわせて8,081億9,400万円．1局平均では63億6,400万円にのぼる．この数字は1998年の同研究所の試算（「デジタル時代の民放経営」1998年7月）では，総額5,600億円，1局平均約45億円とされていたが，送出関連設備等を精査した結果，大幅な増額となった．いずれにしても，営業収益が平均50億円程度のローカル放送局にとっては，年間の売り上げあるいは10年分の利益に匹敵する設備投資を行わなければデジタル化は達成できない．はたして，それだけの額の設備投資は現実的といえるものだろうか．

「デジタル設備投資回収に要する年数」という表IX－2は，JPモルガン証券が2001年11月に行った試算である．試算の根拠となった数字は，2001年度の各社の営業収益と上述の「デジタル時代の民放経営」で示された設備投資額．計算方式は32億円から100億円と推定した各社のデジタル設備投資額からネットキャッシュを引き，それを経常利益で割るというものである．

3大広域圏を除く県域ローカル局の平均回収年数をみると，日本テレビ系列が3.5年，TBS系列6.4年，フジテレビ系列4.0年，平成新局の多いテレビ朝日系列が11.0年となる．個別にみれば，回収に10年以上を要する局が26局，中には50年近くたたなければ回収ができない局もある．だが，一般的にいって5年，10年，あるいはそれ以上も投資回収が出来ず赤字が続く局が健全に生き残ることは困難である．投資資金を借り入れようにも銀行が貸してくれない．

ローカル各局にとってデジタル設備投資は「見返りのない投資」とされる．デジタル化によって新たなビジネスチャンスが生まれるという側面がないではないが，多チャンネルにしても，双方向のデータ放送や移動体向け放送，ある

表 IX-2　デジタル設備投資回収に要する年数（JPモルガン推計）

エリア	NTV系列	TBS系列	CX系列	ANB系列	TX系列
関　東	0	0.4	0	0	3.6
関　西	0	0	0	2.3	8.2
中　京	0	0.9	0	0	6.1
北海道	6.1	15.9	12.7	17.6	21.3
福　岡	0.3	2.7	1.8	2.6	2.9
青　森	9.1	6.6		8.9	
岩　手	8.6	16.8	9.1	33.3	
秋　田	14.8		6.1	5.5	
宮　城	0.9	3.5	0.1	3.8	
山　形	0	1.7	(NA)	4.5	
福　島	4.8	5.4	1.0	16.8	
新　潟	2.8	3.4	0	23.1	
長　野	6.6	0	2.7	6.6	
静　岡	2.6	0	3.2	11.4	
山　梨	5.9	4.3			
富　山	0	21.4	6.5		
石　川	6.1	10.6	7.1	7.7	
福　井	6.5		1.6		
鳥取・島根	0.6	6.9	5.6		
広　島	4.9	1.0	7.0	10.5	
山　口	1.5	37.8		10.4	
岡山・香川	3.5	0	1.0	7.4	6.3
徳　島	5.7				
愛　媛	9.5	6.9	4.0	10.0	
高　知	15.1	14.8	18.9		
佐　賀			11.7		
長　崎	8.8	18.7	10.7	9.2	
熊　本	4.1	11.7	2.3	6.8	
大　分	0	6.7		7.6	
宮　崎		4.0	0		
鹿児島	3.1	10.0	3.4	9.5	
沖　縄		9.2	16.9	48.2	

注）算定年数＝$\dfrac{\text{デジタル投資額ーネットキャッシュ}}{\text{経常利益}}$

　（NA）＝not available 算定不能

IX　ローカル放送局の現状と課題　157

いは映像ソフトのブロードバンド配信にしても，もともと市場規模の小さい地方局に与えられたビジネスの可能性はきわめて小さい．結局，生き残りのためにローカル放送局が選択できるのは，設備投資額のできるだけの圧縮と，投資の先延ばし，制作費・人件費等の削減，合理化ということになる．

集中排除原則の緩和　多くのローカル局が経営破綻するかもしれないという状況をうけて，2003年2月，総務省の放送政策研究会が打ち出したのが，マスメディア集中排除原則を緩和することでローカル局の連携・合併を容易にし，経営基盤を強化するという方針である（同研究会「最終報告」）．

ローカル放送局の「多元性を損なわない範囲での経営基盤の強化」のため，具体的には，①放送区域が異なり，隣接するローカル放送局については，2社を限度に兼営や持株会社方式の統合を認める．②キー局または準キー局とローカル局の結合，および放送区域が同一のローカル放送局同士の結合については，現状維持もしくは小幅の緩和にとどめる．③経営破綻時には，放送サービスの維持のための特別ルールを設け，大幅な緩和を行う，という内容である．

そして，この最終報告をうけて法案化作業を行っていた総務省は，2003年12月4日，集中排除原則緩和の幅をさらに広げた制度改正案を公表した．この改正案では，①関東広域圏を除く地域では，放送区域が異なり，隣接しあう7社までのローカル放送局（準キー局を含む）について，議決権（株式）の保有制限を5分の1から3分の1に緩和し，連携を強めることを認める．②このうち，対象となるすべての社の放送区域が，そのうちの1社の放送区域に隣接する場合，ないしはそれと同等の密接な関係を有する場合については，議決権の保有制限，役員の兼務制限を緩和し，兼営，完全子会社化を可能とする．③会社更生法や民事再生法の適用を受けるなどの経営困難時には，暫定的に議決権の保有制限を緩和し，キー局等の支援，もしくは兼営を可能にする，となっている．放送政策研究会の最終報告では，「準キー局とローカル局の結合は現状維持か小幅の緩和」「兼営は2社を限度」という限定をつけていたが，そう

した限定なしに，ブロック統合への道が開かれたことになる．

　こうしたブロック化や複数ローカル局の結合が本当に経営基盤の強化につながるかどうかについては，放送事業者の間には疑問とする声が少なくない．統合しても各地域の広告市場はそれぞれ別であり，統合できない．統合すれば，1＋1が2になるどころかむしろ減少するおそれがある．つまり，営業的メリットが見込めない．中継局数も変わらず，合理化できる部分が少ない．

　しかし，経常赤字が長期に続いたり，経営のいき詰まりが確実になってくれば，劇的な変化をともなう統合が現実のものとなってくるだろう．その場合，統合を生かしてローカル局が行えるのは，大幅な自社編成・自社制作の縮小と，制作スタッフ等の人減らしによる経費削減しかない．極端にいえば，ローカル放送局の中継局化である．それは，結果として，「地域を基盤とし，地域に密着した情報を提供する」というローカル放送局の根本的立脚点を変質させるものとなる．

§3　地域の未来のために

地域のライフライン　地上波の（アナログ）テレビ放送は，現在，山間部や離島を含む全国各地域に「あまねく」到達している．各地域の放送局が長い期間をかけて難視聴地域の解消に取り組み，全国に約1万5,000カ所の中継所を建設してきた結果である．人びとはテレビ受像器を購入し，NHKの受信料を支払いさえすれば，複数の民間放送を含む地上波テレビ放送を楽しむことができる．いいかえれば，「誰でも」「どこでも」「安価に」「公平に」情報を受け取れる仕組みができあがっている．そうした仕組みの中で，地域の放送局は，自社の営業・編成・制作能力の許す限り，地域に密着した情報番組やローカルニュースを自社制作し，地域の社会生活および健全な民主主義の発展に貢献してきた．

　たとえば，地方の過疎の村にお年寄り夫婦が住んでいるとしよう．若者が都会に流出して，村の老齢人口比率は高い．老夫婦は新聞を購読していない．過

疎の村には毎日の宅配はない．パソコンやインターネットは見たこともさわったこともない．しかし，テレビはある．リモコン操作は苦手だから，ビデオの録画予約はできないが，お気に入りのテレビ番組はある．地方には，そうした老夫婦が沢山いる．

老夫婦に，地域の局地的な災害情報や地域社会で起きている重大事件の情報，あるいは地域の生活に必要な情報を伝えてくれるのは，テレビ，それも地域の地上波放送局しかない．衛星の電波は届いても，全国放送では地域の細かい情報は伝えてくれない．老夫婦にとっては，地上波テレビだけが社会の情報を伝えるただひとつのインフラであり，欠くことのできないライフラインだ．

こうした地域の生活をどう守るか，「地域を基盤とし，地域に密着した情報を提供する」というローカル放送局の根本的立脚点をどう維持し続けるか．それが，デジタル時代の放送事業者に課せられた最大の課題である．

　地域との連携　　ローカル放送局では，「地域」と連携するいくつもの試みがなされている．北海道テレビ（HTB）は，2003年12月，「北海道テレビ信条」を21年ぶりに改訂した．そこでは，「企業理念」を「HTBは地域の『未来を発想し創造する力』を応援する企業です」と位置づけ，「行動規範」では，「私たちは自らも生活者として，みんなと一緒に考え行動します．地域の声を発信し，みんなで地域をつくっていきます」と述べられている．HTBでは，アナログ電波の隙間を使ったデータ放送で，札幌市近郊の栗山町にむけた地域情報提供を行ったり，有珠山噴火の際には各避難所に受信システムを置いて被災者向け情報を流したり，地域の学校向けの情報を提供するなどきめ細かい地域情報システムを構築している．地上デジタル放送の開始とともに，こうした地域連携の試みは本格化することになる．

熊本朝日放送の『新発見伝くまもと』という1時間番組は，ディレクター，カメラマン，出演者すべてが，熊本に住む一般県民という番組である．番組のコンセプトは，①地域の活性化を支援し，未来をともに創る，②住民が見て，参加して，行動する，③新しい地域づくりの可能性を提案する，の3つであ

る.

　他にも多くのローカル放送局が,「地域」を強く意識した番組開発を進めている. BS や CS, ブロードバンドの時代に, ローカル放送局にとっては「地域」がより一層重要な意味をもってくる.

　かつて KBS 京都放送がイトマン事件にも関連した巨額の債務保証をかかえて危機に瀕したとき, 従業員を支え会社を存続させたのは,「京都市民の放送局の灯を消すな」と立ち上がった市民達の街頭マラソンスピーチと40万人署名であった. 地域との連携が局の危機を救ったのである. KBS 京都放送では今も労組を中心とした「KBS 京都アクセスクラブ」が中心となって, 市民の提案によるラジオ番組を毎週放送している.

　1995年の阪神大震災の際, 北から神戸の取材に向かった米子のローカル局, 山陰放送 (BSS) の中継車が六甲山の谷あいで渋滞に巻き込まれ, ひと晩をそこで過ごした. 中継車を訪ねてきたご婦人がいた. 近くに住むそのご婦人は「BSS さんですか. 私はもともと松江なので, BSS という文字を見たら懐かしくなって……」とおにぎりを差し出した. スタッフは「涙が出るほどおいしかった」と当時を振り返っている.

　デジタル時代のローカル放送局にとって, 生き残りのキーワードが「地域密着」であることに疑いはない. しかし, ローカル放送局と「地域密着」の道がそう容易ではないことは, この項で見てきたとおりである.

　ローカル放送局が,「地域を基盤」とし,「地域の社会生活と健全な民主主義の発展に貢献する」という公的使命をどうすれば果たし続けられるのか. そのシナリオが, 各放送局の努力だけで作れるものでないことも明らかである.

（市村　元）

参考文献

日本民間放送連盟編『放送ハンドブック』東洋経済新報社　1997年
日本民間放送連盟『民間放送50年史』日本民間放送連盟　2001年

片岡俊夫『新・放送概論』日本放送出版協会　2001 年
伊藤裕顕『放送って何だ？　テレビって何だ？』新風舎　2003 年
日本マスコミュニケーション学会『マス・コミュニケーション研究 63』2003 年

第三部

放送の原点

X 倫理・人権

§1 放送倫理と放送法

放送倫理基本綱領 倫理（ethics）といっても曖昧な概念で，倫理観は人それぞれ異なる．広辞苑によると，倫理とは「実際道徳の規範となる原理．人倫のみち」，人倫とは「人として守るべき道．人と人との秩序関係」とある．したがって，放送倫理とは「放送人にとっての守るべき規範」であり「放送人と視聴者，取材を受ける人との秩序関係」といえる．

NHKと（社）日本民間放送連盟（民放連・202社加盟）は，1996年9月19日に「放送倫理基本綱領」を定めた．その主要部分は以下のとおりである．

「放送は，その活動を通じて，福祉の増進，文化の向上，教育・教養の進展，産業・経済の繁栄に役立ち，平和な社会の実現に寄与することを使命とする．

放送は，民主主義の精神にのっとり，放送の公共性を重んじ，法と秩序を守り，基本的人権を尊重し，国民の知る権利に応えて，言論・表現の自由を守る．

放送は，いまや国民にとって最も身近なメディアであり，その社会的な影響力はきわめて大きい．われわれは，このことを自覚し，放送が国民生活，とり

わけ児童・青少年および家庭に与える影響を考慮して，新しい世代の育成に貢献するとともに，社会生活に役立つ情報と健全な娯楽を提供し，国民生活を豊かにするようにつとめる．

放送は，意見の分かれている問題については，できる限り多くの角度から論点を明らかにし，公正を保持しなければならない．

放送は，適正な言葉と映像を用いると同時に，品位ある表現を心掛けるようつとめる．また，万一，誤った表現があった場合，過ちをあらためることを恐れてはならない．

報道は，事実を客観的かつ正確，公平に伝え，真実に迫るために最善の努力を傾けなければならない．放送人は，放送に対する視聴者・国民の信頼をえるために，何者にも侵されない自主的・自律的な姿勢を堅持し，取材・制作の過程を適正に保つことにつとめる．

さらに，民間放送の場合は，その経営基盤を支える広告の内容が，真実を伝え，視聴者に役立つものであるように細心の注意をはらうことも，民間放送の視聴者に対する重要な責務である．」

新聞界は，1946年に「新聞倫理綱領」が作られた．放送界も，民放連やそれぞれの局に番組基準があったが，放送界全体を網羅する綱領は存在しなかった．

法律による制約 放送の内容は放送法に規定されている．放送法は，メディアを直接，統合的に規定する唯一の法律で，放送法3条2の1項には守るべき放送番組の基準として4項目をあげている．

① 公安及び善良な風俗を害しないこと．
② 政治的に公平であること．
③ 報道は事実をまげないですること．
④ 意見の対立している問題についてはできるだけ多くの角度から論点を明らかにすること．

さらに，電波法は虚偽の通信（第106条）やわいせつな通信（第108条）を禁

止している．新聞や雑誌などの活字メディアも新聞紙法や出版法の規制を受けていたが，1949年にいずれも廃止された．にもかかわらず，放送に制限があることについては，電波の稀少性や放送の社会的影響力，番組の画一化の危険性を根拠とされ，言論・表現の自由を保障した憲法にも違反しないとされてきた．[1] 放送法はその後も問題が起きるたびに改正され，1959年の改正では放送局に「番組審議機関の設置」が義務づけられた．第3条の2の「善良な風俗を害しないこと」もこの時の改正で加えられたものである．

放送法の第1条には「放送による表現の自由を確保する」とあるが，新聞，雑誌に比べるとより厳しい倫理が求められているのは確かであろう．

§2　放送への批判

低俗　放送への批判のはじまりは「低俗」という声であった．当時の論議には「人権」という言葉はほとんどみられず，番組の「品位」が問題となった．最初の批判は，民放ラジオが複数化した1954年頃，テレビがはじまった翌年である．景気後退期で，制作費が安くスポンサーの自社製品を売り込める「クイズ番組」を各社のラジオが競うように作り，射幸心を煽るという批判が高まった．また，歌謡番組では，卑猥で退廃的な歌詞が問題にされた．

一億総白痴化　テレビに対する批判が出るまでにも時間はかからなかった．流行語の歴史に残る「1億総白痴化」は日本テレビの視聴者参加番組「何でもやりまショー」がきっかけだった．番組に応募した出演者が1956年の秋の早慶戦が行われた神宮球場に行き，早稲田の応援席で慶応の3色旗を振って騒ぎとなり，六大学連盟に翌日の中継を拒否された．この問題を評論家の大宅壮一が東京新聞で「最高度に発達したテレビが最低級の文化を流すという逆立ち現象――マスコミの白痴化がいちじるしい．プロデューサー，スポンサーはこれが果して心から聴取者に受け入れられているかどうかを反省すべきだ」と語った．「マスコミの白痴化」という見出しがつけられた．[2] 1956年はNHKテレビの受信契約数が42万世帯で，ラジオの30分の1にも満たない頃だが，テレビ

時代の現在でも当てはまる痛烈な指摘である．

差別 憲法第14条は「すべての国民は，法の下に平等であって，人種，信条，性別，社会的身分，または門地により，政治的，経済的又社会的関係において，差別されない」と定めている．1948年には，国連総会で「世界人権宣言」が採択された．しかし，日本の近代社会でも，差別は存在しているし，差別感情が消えているとはいい切れない．被差別部落の身分差別や地域的差別，職業差別，精神障害者，アイヌ民族，疾病者，身体障害者，学歴，外国人への差別，性差別等である．「ハンセン病患者への国の隔離政策は憲法違反」という判決が出たにもかかわらず，2003年11月熊本県のホテルが患者の宿泊を拒否した例はその典型である．

差別問題はメディアにとって大きなテーマであり，差別をなくす役割を担ってきたが，無神経な報道をめぐって強い抗議を受けた．批判の中心は「差別表現」「差別発言」で，メディアは，差別語の使用を控えてきたが，一方で「言葉狩り」との批判もあった．メディアが，差別問題に配慮してきたことは事実だが，差別語を使わない，言い換えをするといった表面的な対応では根本的な解決にはならず，差別撤廃に向けての番組の制作や組織内での意識教育を続けていかなくてはならない．

ワイドショーの出現 テレビの批判の多くは「ワイドショー」に向けられている．ワイドショーがはじまったのは1964年，NET（現在のテレビ朝日）の生ワイド番組「木島則夫モーニングショー」だった．生き生きとした朝の生番組は好評を博し，翌年からは昼間の時間帯でも「アフタヌーンショー」をはじめた．当初は，ニュース性の強い番組だったが，しだいに娯楽性が強くなり，他局も次々にワイドショーをはじめた．映像，音楽という活字メディアにないテレビの特性を生かし，茶の間の人気番組になった．1970年代に入って視聴率競争が激しくなるとしだいにセンセーショナルになり，扱われる素材も芸能人のスキャンダルから事件や政治と幅を広げていった．"ロス疑惑"報道で過熱もピークに達した．事件は1981年，ロサンゼルスの郊外で起きた．雑貨輸

入会社を経営する三浦和義と妻が銃撃され，妻は意識不明のまま日本に運ばれ死亡した．事件から3年後の1984年1月から「週間文春」が「疑惑の銃弾」と題するキャンペーンをはじめ，ワイドショーが一斉に後を追い，三浦自身もたびたびテレビに出演した．翌年9月に三浦は逮捕されたが（最高裁で無罪），警察の強制捜査がはじまった時は，報道合戦は終局を迎えたという様相だった．ワイドショーはテレビが開発した「情報伝達形式」であり，テレビを活性化させ，それによって，政治や経済あるいは紛争などの国際問題をわかりやすく伝え，身近なものにした功績は大きい．ジャーナリストの原寿雄は，ワイドショーが果たしてきた役割を評価しながらも「人間にとって一番興味のあるのは人間であるという現代ジャーナリズムのニュース原理を，100％適用しているのがワイドショーである．建前は人間主義だが，実際にはヒューマニズムがヒューマン・インタレスト主義に陥り，他人の不幸はみつの味としてエンジョイする視聴者の"のぞき趣味"に応えている．その結果，大衆受けする正義感，道徳観を押しつけ，人権侵害への配慮がおろそかになる．視聴者をひきつけるためには手段を選ばないアナーキーとなる．」と指摘している[3]．ワイドショー問題はテレビにとって今なお，大きな課題である．

テレビは加害者　テレビの急激な発展に伴って，批判の内容も広がりを見せた．低俗，暴力という番組の質ではなく，また，社会の中に存在する人権問題の報道のあり方を巡ってでもなく，メディア自身が生み出す人権侵害に対する批判であった．いつの間にかテレビは「加害者の立場」に立たされていた．

この問題をクローズアップさせたのは，1987年，熊本市で開かれた日本弁護士連合会の第30回人権擁護大会での「人権と報道に関する宣言」だった．

この中で「報道される側の名誉・プライバシー等を十分に配慮し，いき過ぎた取材および報道をしないこと」「犯罪報道においては，捜査情報への安易な依存をやめ，報道の要否を慎重に判断し，客観的かつ公正な報道を行うこと」と提言し，事件報道のあり方に強い疑問を投げかけた．1990年代に入ってこの流れは加速していく．背景には，人権意識の高揚や過熱する一方の報道に対

する市民の不信感があった．メディアは市民の信頼の上にこそ存在しうるが，権力と対峙するメディアが振り返ると，後押ししてくれているとばかり思っていた市民からも批判の声が返ってくる．20世紀は，社会的に大きな影響力をもつマスメディアから大量の情報が一方的に流され，情報の"送り手"であるマスメディアと情報の"受け手"である一般国民との分離が顕著になったといわれるが[4]，20世紀末は「分離」から「対立」になってしまった感さえある．欧米ではメディアの役割を「番犬」（watch dog）という言葉で表す．市民のために権力を監視するという意味だが，現在は，権力がメディアの被害から市民を守る番犬を演じている．メディアにとって深刻な状況である．

§3 厳しくなる司法判断

司法からの注文　2002年12月に和歌山市の毒物カレー事件（1998年7月，夏祭に出された青酸化合物の入ったカレーを食べた住民67人が吐き気を訴え，4人が死亡した事件）の判決公判で和歌山地方裁判所の小川育央裁判長は判決文の中に「報道のあり方」という項目を設け，「被害者，遺族が口をそろえて報道取材のあり方に強い不満，不信感を述べているのは，報道取材に問題があったことをあらわしている．付近住民や関係者を精神的に疲弊させ，事件の捜査，審理にも影響を及ぼしかねないものであった．国民は犯罪報道に何を求め，報道機関はどのような情報を取材，提供すべきなのか，さらなる議論を待ちたい」と犯罪報道に異例の注文をつけた．

公益性・公共性　憲法21条では「集会，結社及び言論，出版その他一切の表現の自由は，これを保障する」としている．一方で11条では「国民は，すべての基本的人権の享有を妨げられない．この憲法が国民に保障する基本的人権は，侵すことのできない永久の権利として，現在及び将来の国民に与へられる」としており，13条では「すべて国民は個人として尊重される」と定めている．表現の自由といっても絶対的なものではありえず，憲法でも濫用を禁止し，公共の福祉のために利用する責任を負うとしている．また，刑法175条

（わいせつな文書の販売や陳列），230条（名誉毀損），233条（信用毀損および業務妨害）などに違反すれば当然処罰の対象になり，他人の権利を侵害した場合は賠償する責任がある（民法第709条）．

　事件報道，調査報道などの場合は報道されること自体が名誉を毀損することになることが多いが，刑法第230条1では，名誉毀損の行為が公共の利害に関する事実に係り（公共性），かつ，その目的が専ら公益を図ることにあった（公益性）と認められる場合には，事実の真否を判断し，真実であることの証明があったときは罰しない（真実相当性）と免責事項を明示しており，公訴が提起されていない人の犯罪行為に関する事実も，公共の利害に関する事実とみなす（同条2）としている．しかし，公共の利害に関する事実，公益性といっても不変の尺度はなく，最近の司法は公共性，公益性を厳しく判断する傾向が見られ，2000年9月からの1年間でメディアを相手取った訴訟の判決が53件あったが，40件はメディアが負けている．また，ロス疑惑で三浦は200件近くの訴訟を起こしたが，7割は，メディア側の敗訴となっている．

　人権の値段　名誉毀損訴訟の賠償額の高騰もいちじるしい．2001年3月にはプロ野球巨人軍の清原和博選手が「米国の自主トレ中に，2日に1度はストリップバーに通っていた」と報じた週刊紙の記事に関して，賠償を求めた訴訟で東京裁判所が出版社に対して1,000万円の支払いを命じた（2審では600万円に減額）．日本では交通事故の賠償額が年々高額になっているのに対し，報道による名誉毀損訴訟の賠償額は「100万相場」といわれるように低く押さえられてきた．これは「言論・表現の自由」を優先する考え方が支配的であったためで，高額の賠償は「報道の萎縮効果」を招くと考えられ，賠償額には「制裁的な要素」もないとされてきた．しかし，最近の人権意識の高まりで，報道される側の「人権」を重視する傾向になり，裁判官の間でも「これまでの賠償額は低すぎた」という考え方が定着しつつある．

　賠償額高額化の背景に「政治的な要素」がある点も見逃せない．1999年，自民党の「報道と人権等のあり方に関する検討会」が「名誉毀損の賠償額が諸

外国に比べてきわめて少額であるため，実際には商業主義に走って人権の配慮が薄れているものと推察される．このため，メディアの抑止効果を高める意味から，また，賠償額が報道による人権侵害の深刻さや民意・世情を反映したものであるべきことを考慮し，そのあり方の検討がなされるべきである」という報告書を出した．高額化の傾向は止まりそうもない．

§4 放送界の自律

多チャンネル懇談会 1995年9月に郵政省（現総務省）放送行政局長の私的諮問機関「多チャンネル時代における視聴者と放送に関する懇談会」（学識経験者，人権問題の専門家，放送事業者，視聴者代表など委員18人）が設置された．設立のきっかけとなったのは，1993年9月21日に開かれた民放連の「放送番組調査会」（1992年，放送倫理活動の一環として民放連に設けられた自律機関）におけるテレビ朝日の選挙報道を巡る発言だった．この年の7月に行われた第40回の衆議院議員選挙で自民党が敗北して55年体制が終焉し，非自民政権が誕生し，調査会で選挙報道のあり方を議論した．報告者として出席した報道局長は「テレビは新党に傾斜したとの見方もあるが，これが今社会に吹いている風と判断して報道が行われたと思う．NHK的な公平さより，聞きたいことをいかに掘り下げていくかを，視聴者の求めるものとして重視したい」と発言した．この発言を10月になって産経新聞が「非自民政権誕生を意図し報道」と1面トップでスクープし，局長が国会に証人喚問されるという前代未聞の事態になった．懇談会では「青少年保護」「権利侵害と被害者救済」「放送制度」などについて議論された．

BRO/BRCの発足 多チャンネル懇談会は1996年12月に報告書を発表し，その中で，放送番組で権利侵害を受けた場合，放送事業者以外の者に判断を委ねる苦情処理機関を設置する考え方が盛り込まれた．報告書には，「放送の自主性・自立を損なわせる可能性もあり，慎重に検討すべきだ」という意見も併記された．放送界では，1969年に，苦情処理機関ではないが，自律機

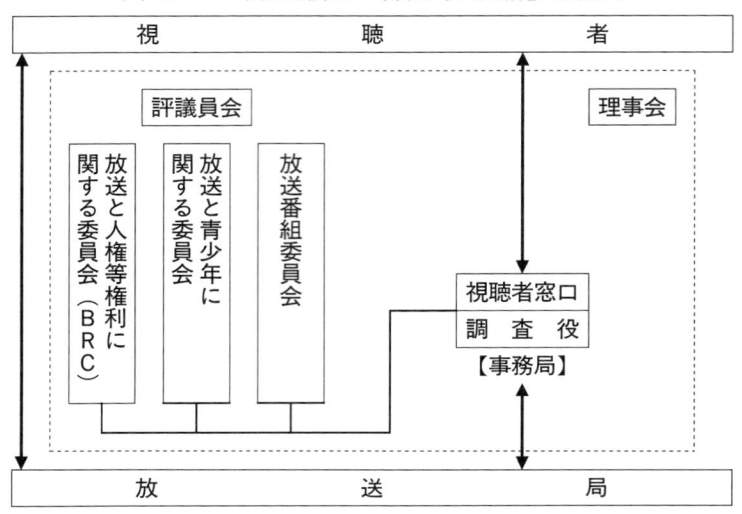

図 XI-1　「放送倫理・番組向上機構」組織図

```
┌─────────────────────────────────────────────┐
│　　　　　　　　視　　聴　　者　　　　　　　　│
└─────────────────────────────────────────────┘
    ┌──────────────────────────┬──────────┐
    │       評議員会           │  理事会  │
    │ ┌─────┐┌─────┐┌─────┐   │          │
    │ │放送 ││放送 ││放送 │   │          │
    │ │と人 ││と青 ││番組 │   ┌────────┐
    │ │権等 ││少年 ││委員 │   │視聴者窓口│
    │ │権利 ││に関 ││会   │   │調 査 役│
    │ │に関 ││する ││     │   └────────┘
    │ │する ││委員 ││     │   【事務局】
    │ │委員 ││会   ││     │            │
    │ │会（ ││     ││     │            │
    │ │BRC）││     ││     │            │
    │ └─────┘└─────┘└─────┘            │
    └─────────────────────────────────────┘
┌─────────────────────────────────────────────┐
│　　　　　　　　放　　送　　局　　　　　　　　│
└─────────────────────────────────────────────┘
```

関として，第三者の意見を聞く放送番組向上委員会（2002年に放送番組委員会に改組）を設置しており，新たな機関の設置に強く反対した．しかし，1997年3月，NHKと民放連は「苦情処理機関」を設置することで合意した．テレビ批判の蓄積に押し切られた形だった．こうした経緯で「放送と人権等権利に関する委員会機構」（Broadcast and Human Rights/Other Related Rights Organigation 略称 BRO）が発足し，機構の中に第3者の委員8人で構成する「放送と人権等権利に関する委員会」（Broadcast and Human Rights/Other Related Rights Committee 略称 BRC）が設けられ，1997年6月から業務を開始した．

青少年と放送に関する委員会　　BRO発足の翌年の1998年に，女性教師を刺殺した中学1年の少年が「テレビドラマの主人公にあこがれて同じバタフライナイフを買った」と供述した．少年の凶悪事件の続発で「テレビ有害論」が喧伝され，テレビ番組を規制すべきという動きが活発化した．1998年12月には，有識者，保護者代表が参加し，郵政省（現総務省），NHK，民放連が運営する「青少年と放送に関する専門家会合」が発足した．その結果，放送界は

2000年4月に第3者機関として「放送と青少年に関する委員会」（略称青少年委員会）を放送番組向上委員会を運営してきた放送番組向上協議会に設置した。

BPOの発足　このように放送界では，批判→法律改正，批判→自律を繰り返してきたが，21世紀に入ってからは，「個人情報保護法」が成立し，「人権擁護法」「青少年有害社会環境対策基本法」「裁判員制度」などが検討されているなど法的規制の動きが目立ってきた。NHKと民放連は，2003年7月に，放送番組向上協議会とBROを統合して「放送倫理・番組向上機構」(Broadcasting Ethics & Program Improvement Organization 略称BPO) を設置した。これまでのように受け身ではなく，放送界が積極的に自律体制の姿勢を明確にしたもので，運営資金は放送局の負担金である。

▽評議員会……委員会の委員を第3者の評議員が選任する。評議員は7人。

▽放送番組委員会……放送番組や倫理のあり方について協議し，内容を放送事業者に通知するとともに，放送番組や放送倫理のあり方について「見解」「提言」をまとめ公表する。委員は有識者6人，放送事業者委員8人。

▽BRC……放送番組によって人権侵害を受けた人が放送局に抗議しても受け入れてもらえないときに審理し，「見解」や「勧告」を出し，放送局に委員会決定内容の放送を要望し，人権救済をする。ただし，裁判で係争中のもの，損害賠償を求めるものは審理の対象とならない。BRCは2003年末までに12の事案について21の局の番組やニュースを対象に審理し，2局に「人権侵害があった」として「勧告」を出し，15局に「放送倫理上問題があった」と判断し，決定内容の放送を求めた。委員は8人。

▽青少年委員会……青少年に対する放送番組のあり方に関する視聴者からの意見などをもとに審議して「見解」を放送局に通知する。2000年12月に，2つのバラエティー番組について「青少年に悪影響を与える可能性がある」との見解を出した。

他メディアの自律機関　映画界には，第3者によって運営される「映画倫理規定管理委員会」が1949年に誕生した。映倫の審査を経なければ日本の映

画館での上映はできない．新聞界には業界横断組織は存在しないが，2000年以降，各社ごとに，読者の意見や苦情を第3者が審議する組織を作っている．雑誌業界も2001年9月に出版物の区分陳列による販売を促進する「出版ゾーニング委員会」を設置したのに続いて，2002年3月には記事を書かれた側の苦情を受け付ける「雑誌人権ボックス」を設置した．

外国の自律機関　英国には法律に基づいたBSC（Broadcasting Standards Commission 放送基準委員会）がある．BSCは1996年の放送法でBCC（Broadcasting Complaints Commission 放送苦情処理委員会）とBSC（Broadcasting Standards Council 放送基準審議会）を合併して設立された．委員は15人以内で，国務大臣が任命し，政府資金で運営する．委員会は，番組内の不当・不公正な取り扱い，プライバシーの侵害，暴力・性的行為の描写などを対象に審理したうえ裁定を下し，決定内容を公表することを命じる．

アメリカには「ミネソタ報道協議会」（Minnesota News Council）がある．この報道評議会は1971年に設立され，1978年に新聞だけでなく，放送の苦情の審理をするようになった．評議員は市民代表とメディア代表それぞれ12人で構成され，運営資金は言論の自由を守る立場から公的資金には頼らず，300近いメディアを含む団体，個人からの寄付でまかなわれている．公正さ，正確さ，倫理に関する苦情を受け付け，申立人とメディアの話し合いが30日以内に解決できない場合は公聴会を開き，裁定し，公表する．ただし，申立人は裁判に訴える権利を放棄する誓約書にサインすることが条件になっている．[6]

このほか，韓国やスウェーデンにも同じような機関がある．

諸外国の自主的機関に比べると，日本の場合は放送局の自主性を最大限に尊重している．BPOは，法的な機関ではなく，あくまで放送局が自主的にも設けた任意団体で，調査権限や強制力を持たない．したがって，それぞれの放送局が「具体的課題」について日常的に取り組んでいかなければならない．

§5　放送倫理の具体化

犯人視報道　警察に逮捕されても「犯人」と決まったわけでななく、証拠が揃わず起訴されずに釈放されたり、裁判で「無罪」になったりすることも推定されるから、報道はあくまで「無罪推定の原則」の上で行われなければならない。灰色でなくシロなのである。被疑者の報道について、メディアは人権に配慮してこなかったわけではない。警察に逮捕された場合「呼び捨て」が慣例だったが、1987年NHKは呼び捨てを全面的にやめ、裁判報道で使う「被告」にあたる「容疑者」という呼称をつけることにした。以後、他の放送局、新聞も呼び捨てをやめた。「容疑者」は法律用語ではないが、法律に出てくる「被疑者」という言葉の響きが悪く、悪い印象を与えるのではないかという考え方から呼称を「容疑者」にした。このほか、被疑者が警察に連行される際の手錠姿も放送しないようになり、「顔写真」の使用も控えるようになった。被疑者の前科報道も少なくなった。原稿面でも断定的な表現を避けるようになった。

しかし、事件報道は、警察情報への依存度が高いため、情報を鵜呑みにすると「冤罪報道」を生む危険性を持っている。1994年6月27日に発生し、7人が死亡した松本サリン事件では、第1通報者の河野義行宅を警察が被疑者不詳の殺人容疑で捜索して以来、犯人視報道が続き、メディアが訂正や謝罪をしたのは1年後だった。河野は「マスコミはクロかシロかわからない段階で人に色を塗る。人の一生を左右してしまう恐ろしさを真剣に考えてほしい。そうでなければ、また同じことが繰り返されると思う」と語っている。1990年からは、当番弁護士制度がはじまったが、事件報道では、弁護士など警察情報以外の多角的な取材、無罪推定原則の徹底を心がける必要がある。結果的に間違ったときは、速やかに、丁寧に訂正することが求められる。放送法第4条1項では訂正放送を義務づけており、罰則規定もある。

被害者とプライバシー　加害者に比べ、犯罪被害者は、法律的な面で置き去りにされてきた。しかし、2000年1月に「犯罪被害者の会」が結成され、

「犯罪被害者の人権」を重視して徐々に制度面での改善策が取られている．

メディアもまた，加害者ほど被害者報道のあり方を考えてこなかった．

1997年3月，東京・渋谷で女性会社員が殺害される事件が起きた．有名大学を出て，大手の企業に勤めていたが，夜，売春行為をしていた疑いが浮上した．メディアは，高学歴の女性会社員の夜の生活を実名で興味本位に伝えた．弁護士が「被害者の弱みにつけ込む報道のリンチ」と抗議声明を出し，報道機関には「娘は被害者でございます．どうしてここまでプライバシーにおよぶことを白日の下にさらされなければいけないでしょうか？」という母親の手紙が送られてきて報道が鎮静化した．被害者報道は「プライバシーの保護」との関係で被疑者報道以上に難しい問題を含んでいる．プライバシーの権利は，私生活を他人から干渉されず，たとえ真実であっても知られたくない私事の利益を守るものとされている[8]．被害者の報道はどこまで許されるのか，基準づくりが迫られている（実名・匿名の項参照）．

メディア・スクラム　事件・事故現場や関係者の自宅などに大量の取材陣が殺到し，事件関係者だけでなく，周辺の住民の市民生活を脅かすという批判が高まっている．「メディア・スクラム」，「集中的過熱取材」といわれる．

2001年2月21日，横浜地方裁判所川崎支部で，有名女優の二男の覚醒剤取締法違反事件の公判が開かれた．法廷には入れない多数の記者，カメラマン，中継車が道路を占拠し，周辺には多くの市民が見物に来た．公判終了後，法廷を出てきた被告と弁護士に取材陣が殺到し，被告を乗せた車が立ち往生する混乱となり，市民の間からも批判が出るほどだった．その日の夜，都内で，日刊紙，スポーツ紙，テレビの記者を集め，弁護士は強い口調で取材の混乱を批判し「取材を拒否しているのではない．取材は受けるから，次回公判までにきちんとしたルールを作って欲しい」と要望した．その結果，各メディアがそれぞれ検討し，地元の記者クラブも加わって取材位置や記者会見の段取りが決まり，4月に行われた公判では整然とした取材となった．各メディアが話し合いの場をもち，事前にこうしたルールを決めたのははじめてのことだった．

X 倫理・人権　177

　日本新聞協会（新聞110社，通信4社，放送はNHK，民放35社加盟）編集委員会は，「メディアが自ら解決することで報道の自由を守り，国民の知る権利につながる」として，2002年5月「集団的過熱取材対策小委員会」を発足させた．集団的過熱取材が発生した場合は，現場がある地元の記者クラブが協議し，現場で解決できない場合は小委員会が解決策の裁定をすることになった．民放連も2001年12月に「いやがる取材者を集団で執ように追い回したり，強引に取り囲む取材は避ける」「通夜，葬儀などでは遺族や関係者の感情に十分配慮する」など具体的な留意点をあげ，集団的過熱取材問題の対応策を決めた．こうしたルールはメディアの自主的な取り組みでできたものだが，同じ映像，情報がどのメディアからも流され，独自の優れた情報が出ないというマイナスも指摘され，解除の時期や節度を保ちながら知る権利に応える難しさがある．

　英国BBCのProducer's Guidelinesには，メディア・スクラムの項目があり，「取材対象が一般人か公人か」「被害者か加害者と見られている人物か，単にその出来事に対する事情通であるのか」「取材対象がインタビューには応じないという意思，希望を明確に表しているのか」を基準として，他の報道機関が取材をしても編集者の判断でメディア・スクラムの現場から撤退することもあるとしている．メディア・スクラムは現場における取材者のマナーの問題と同時に記者，カメラマン，中継車の機材などの"総量規制"が求められているのであり，最終的には，個々の社が"取材しない勇気"をもてるかどうかにかかっている．

　実名・匿名　日本のメディアは事件報道では「実名主義」を原則としている．この理由としては，容疑者の名前は報道の基本的な要素でありニュースの信頼性から必要であること，安易な匿名報道は公権力の監視機能を弱めるおそれがあることのほか，実名報道によって犯罪の抑止効果をあげる考えもある．実名報道が名誉毀損に問われたケースはないが，1999年の日弁連第42回人権擁護大会が，「公人を除き犯罪報道の原則匿名化をめざす」といういう提言をまとめるなど実名報道を巡る議論は今後も高まっていくだろう．

被害者の実名報道は，加害者に比べてより難しい判断を迫られる．2001年9月1日の未明，新宿・歌舞伎町の雑居ビルの火災で，44人が死亡し，そのうち28人はいわゆる「キャバクラ」の従業員と客だった．この火事では，店舗の説明が「キャバクラ形式の飲食店」「風俗店」「飲食店」「パブ」など社によってまちまちで，犠牲者の報道の仕方も「実名，写真使用」から「匿名，写真未使用」まで違いが際立った．社会的に見れば「不名誉な場所」あるいは「恥ずかしい場所」という見方もあれば，そこまでメディアが配慮する必要があるのかという疑問も残る．凶悪事件などの被害者の場合は，実名，写真を使用しないよう遺族や関係者からの要望が多くなることが予想される．ただ，実名，匿名の判断はあくまでもメディア自身がすべきであり，最近，警察が独自判断で匿名で発表するケースが目立っていることは大きな問題である．

　20歳未満の少年による犯罪の場合は，匿名が原則である．少年法61条では「家庭裁判所の審判に付された少年または少年のとき犯した罪により公訴を提起されたものについては，氏名，年齢，職業，住居，容ぼうなどによりその者が当該事件の本人であることを推知することができるような記事または写真を新聞紙その他の出版物に掲載してはならない」とある．罰則規定はないが，メディアは，逃走中で凶悪な犯罪が予想されるなど，社会的利益が優先する場合を除いては，少年の将来の道を閉ざさないという法の精神を尊重している．また，精神障害の疑いのある被疑者や別件逮捕，軽微な事件の被疑者，性犯罪の被害者なども原則として匿名とされている．

　しかし，雑誌メディアの中には少年や精神障害の疑いの被疑者を実名で報道する動きがある．2000年2月には大阪高等裁判所で，少年の実名報道が名誉毀損にあたらないという判決を下した．少年の氏名などの公表を一律に禁止する少年法61条の規定については「言論・表現の自由」を保障した憲法に違反するという学説もある．[9] また，2003年12月には，警察庁が凶悪事件を起こした容疑者が少年であっても，逃亡し，犯罪を重ねる恐れがある場合は，14歳以上なら氏名や写真を公開し，捜査できるという通達を出した．メディアは，

どう対応すべきか．"公権力が発表したから"という安易な従属ではなく，個々のメディアが主体的に判断していかなければならない．

CMの倫理　受信料で成り立つNHKは広告放送が禁止されている（放送法第46条）が，広告収入を基盤とする民放連は厳しい放送基準を設けている．放送基準18章のうち6章は「広告の責任」「広告の表現」「金融，不動産の広告」等広告に関するもので，「健全な社会生活や良い習慣を害するものであってはならない」とか「迷信を肯定したり科学を否定したりするものは取り扱わない」「金融業の広告で，業者の実態・サービス内容が視聴者の利益に反するものは取り扱わない」など52項目の基準を設けている．

しかし，消費者金融CMの急増について，"安易に借金をする風潮を助長し，若者の金銭感覚を歪めるのではないか"という批判が青少年委員会に寄せられ，委員会では2000年12月に「17時から21時までの時間帯は消費者金融CMの放送を自粛する」「金利などについてわかりやすい表現を用いて明示するなど借金をすることにともなう責任とリスクについても触れる」という「見解」を発表し，これを受けて，民放連も2003年3月に「安易な借り入れを助長する表現の排除」「児童・青少年への配慮」「貸付条件の明示」などの是正措置を決定した．また民放連は2004年4月に「放送基準」を改定し，消費者金融CMなどに関する条文を新設した．民放にとっては，広告も放送倫理の重要な柱である．

視聴率優先主義　2003年11月，日本テレビのプロデューサーが視聴率調査会社ビデオリサーチ社の調査対象世帯を興信所に依頼して割り出し，番組を見るように働きかけていたことが発覚した．

視聴率は1954年，NHKが京浜地区で15歳以上の男女1,000人を対象に聞き取り調査という形で最初に実施した．この調査は1週間に限られていたが，1961年には，米国のニールセン社が，1962年には，電通や主要民放が設立したビデオリサーチ社が機械式の調査を開始し，毎日のデータがえられるようになった．関東地区の視聴率のサンプル数は1,600万世帯のうち600世帯だけで，

10％の視聴率でも誤差は2.4％ある．しかも，2000年にニールセンが撤退してからは1社体制が続いている．視聴率偏重主義の批判に対し，1980年代から「率」に変わる「質」の研究がはじまったが，いい方法は開発されていない．1975年にテレビと新聞の広告収入が逆転して以来，広告媒体としてのテレビの価値は高く，視聴率が収入に直結する構図は変わるどころか強まっているといえる．視聴率の工作をしたプロデューサーは社の調査委員会に対し「視聴率を取れば優秀と評価され，率を上げれば何でもやっていいという感覚があった」と供述したという．BPOの3委員会の委員長は，2003年12月11日に，視聴率工作問題は「視聴者や社会を欺く背信行為」と指摘したうえ，① 量的な視聴率だけではなく，質的な面も加えた新たな番組評価基準の導入，② 広告界の積極的な協力，③ 放送人の倫理研修の必要性，④ 視聴者からの積極的な発言，⑤ 新聞・雑誌の番組批評の強化と"視聴率ベスト10"など視聴率競争を増幅する報道の再検討を要望する「見解と提言」を発表した．テレビをめぐる批判の根底に視聴率競争があることは否定できない．放送界にとって視聴率に変わる指標の開発や視聴率優先主義からの脱却は喫緊の課題である．

§6　規制か自立か

メディア観調査　NHK放送文化研究所が2002年11月に行った「日本人のマスメディアに関する意識調査」(20歳以上の男女1,800人対象，有効数1,162人)によると，興味本位の報道が目立つ (74％)，売上げや視聴率を伸ばすために，人目をひくことを第1に考えている (76％)，同じ場所で取材合戦を繰り広げ，関係者や近所に迷惑をかけている (87％) など厳しい結果が出ている．しかし，人権侵害など報道による被害を起こさないようにするために，どうしたらよいかという問いには自主的な努力が21.1％，相互批判が21.7％，第3者機関27.3％，裁判2.1％，法律などの規制15.7％となっており，公権力による法規制よりメディア自身での解決を期待している．

言論・表現の自由と基本的人権の尊重を対立する概念としてではなく，民主

主義社会の車の両輪とする努力を今ほどメディアが求められている時代はないといってもいい．分離→対立から規制に進み，表現の自由が奪われた「いつかきた道」に戻らないためには，自律の努力を重ねるとともに，報道機関として伝えるべきことをきちんと伝え，文化媒体として豊かな番組を提供することこそ「最大の放送倫理」であることを認識すべきであろう．

（大木　圭之介）

注）
1）松井茂記『マス・メディア法入門』（第2版）　日本評論社　1998年　p.236
2）『東京新聞』1956年11月7日朝刊
3）NHK放送文化研究所『放送学研究47』丸善　pp.221-222
4）芦部信喜『憲法』（新版補訂版）岩波書店　1999年　p.161
5）日本民間放送連盟『民間放送50年史』2001年　pp.319-322
6）浅倉拓也『アメリカの報道評議会とマスコミ倫理』現代人文社　1999年　pp.72-86
7）河野義行『「疑惑」は晴れようとも』文藝春秋社　1995年　p.226
8）松井茂記『マス・メディア法入門』（第2版）　日本評論社　1998年　p.134
9）伊藤正己『憲法入門』第4版　有斐閣　1998年　p.142

市民と放送

§1 市民放送の歴史

新聞・雑誌とテレビ・ラジオの違い　その違いはどこにあるのだろうか？ テレビは映像と音声による総合的表現，そのことによる訴求力や印象の強さ，さらに同時性，同報性，即時性，速報性，広範性，一過性．これに対して新聞・雑誌は，活字による論理的表現，一覧性，随時性，記録性，検索性，携行性等々．電波媒体と印刷媒体それぞれの違いを数多く挙げる事ができるだろう．

しかし大事なことがひとつ抜けている．こうしたメディア特性のほかに，法，制度的な側面の違いである．新聞・雑誌は一般市民誰でも自由に発行することができる．しかし放送はそうはいかない．どこの国でも免許制，許可制で，勝手に電波を発射し放送を始めると，逮捕され罰せられる．つまり放送は法制度のもとにあり，言論表現の自由がいくら保証されていても一般市民が自由に使うことは許されない．

ところが欧米では法を破り市民が自由に放送するラジオやテレビ局があった．しかもそれが元になって，公共放送でも商業放送でもない市民放送とも呼ぶべ

き第3の放送が生まれている．日本でもこうした放送がまったくなかったわけではない．1963（昭和38）年，全国で最初に自主放送をはじめた郡上八幡ケーブルテレビは，当初，届け出を受理されないままに放送を開始しているし，阪神大震災の直後，情報途絶の中にあったベトナム人，韓国・朝鮮人向けに放送をはじめた『FMわいわい』も当初は無許可だった．

　市民のアクセスというと放送の場合，広義にはラジオやテレビ番組の単なる視聴から視聴者参加，企画・制作・編成までさまざまな関与の形が含まれるが，ここでは市民の自主的な番組の企画・制作・編成など，送り手としての積極的な放送参加である市民放送に焦点を絞って考えてみたい．デジタル多チャンネルの時代を迎え，また，グローバル化・多文化化と社会構造が激しく変化する中で放送は大きく変わろうとしている．市民と放送の新しい関係をこうした視点からみてみよう．

　電波は有限希少の公共財で，混信しやすいため，国内的にはもちろん国際的にも規律の下に監理されている．放送はその公共財を利用し，同時・広範囲にしかも映像と音声の総合的表現で情報を伝えることから，社会的影響力が大きく，どこの国でも公共性の高いものとして規制下にあった．影響力の大きさゆえに社会・文化の統合・画一化，大衆社会，大衆文化の形成に大きな役割を果たしたが，規制下にあったため，ともすると時の権力・政治の影響を受けやすく，またすべての国民に必要とされる基本的で総合的な情報や番組を目指すため，社会の変化に対応できず，幅の狭い剛直化した内容になりがちだった．これに対し市民からは政治権力と距離を置いた言論，時代にふさわしいより広範で多様な情報，新しい文化への欲求が出され，放送への発言・参加の動きが生まれてくる．

ヨーロッパ：海賊放送，自由放送，市民放送　ヨーロッパの場合，無許可・違法の海賊放送（ラジオ・パイレーツ）は戦後間もない1950年代末に始まり，1960年代の最盛期にはバルト海や北海から8局が沿岸諸国に向けてラジオの電波を発射していた．当時ヨーロッパでは政府の監理下にある公共放送がほと

んどで古典的な文化教養番組が多く，海賊放送はこれに飽き足りない若者をターゲットに，ロック，フォークなどのアメリカ文化，サブカルチャーを激しいリズムに乗せて送り出した．イギリスでは1965年，1日平均2,000万人もの海賊放送聴取者がいたという．しかし，各国協調による厳しい取締りと，公共放送側の若者向け音楽番組の強化，さらには海賊放送局からのDJ引き抜きといった思い切った対抗手段により，海賊放送は消えていった．

オランダでは市民が視聴者団体を結成し，その団体の成員数に応じて放送時間を配分するという，ある意味で市民参加の放送制度を取り入れていたため，海賊放送の聴取者が集まり，あるいは海賊放送の事業者自らが聴取者を集めて放送団体を結成し，陸上の放送に参加していった．

1970年代後半に入ると，イタリア，フランス，オランダ，ドイツなどで，海賊放送に代わり陸上での無許可放送がゲリラ的に始まった．出力の小さな放送局で，取締りを逃れるため送信場所として屋根裏部屋を転々と変えたり，あるいは送信機を車に積み込んで国境を越えたり，場合によっては背中に担いで移動しながら放送するというものだった．表面的で無難なニュースや解説，政府の意向を強く反映した公共放送に対して，批判的な意見，新しい社会観や主義主張，あるいは個人的な趣味嗜好を発表するものが多かった．自ら海賊放送と称するものもあったが，「自由放送」を名乗り，言論の自由，表現の機会，そして放送の世界における多様性を求める傾向が強く，海上からの海賊放送と違ってコマーシャル志向はほとんどない．

自由放送はその後，言論の自由を争点にした憲法裁判闘争，市民運動との連携や政治闘争を経て，1980年代に入ると各国で合法化・制度化され，ローカルの市民放送として定着していく．合法化されるとともにNPO組織として形態を整え運営されるようになり，公共放送，商業放送と並ぶ第3の放送として重要な一翼を担うに至った．

テレビの時代を迎えると，ここでも違法放送が始まる．国境を接し電波の割り当てが少ないヨーロッパではケーブルテレビが早くから普及するが，オラン

ダではケーブルの空きチャンネルに放送を流し込むケーブルジャックが相次ぎ，取締りとのいたちごっこの末，1980年代半ばローカル放送局として制度化される．ドイツではケーブルの多チャンネル化に伴う商業放送の導入とバランスをとるという形でオープン・チャンネルが開設され，フランスでは地上波で始まった無許可の自由テレビが市民放送として認可された．

　ヨーロッパで無許可・違法の自由放送が族生し，市民放送へと展開してきた背景には市民運動，社会変革の動きがある．1960年代のベトナム反戦運動，世界的な学生運動や5月革命，さらには反原発運動や住居不法占拠・都市再生運動，エコロジー・緑の党などの環境運動，人種・性差別をなくす運動，こうした運動と結びつきながら市民放送も発展していった．時代の変化，社会の構造変化が市民の放送制作・参加，市民放送を生み出し，市民放送が市民意識の再編成，新しいコミュニティー生成の触媒の役割を担った．

　アメリカ，カナダ：パブリック・アクセス・チャンネル　　アメリカの場合も市民の放送参加運動はほぼ同じころ始まる．1960年代の公民権運動に始まった市民運動，社会変革の大きなうねりは放送にもおよび，黒人などのマイノリティが，内容が一方的で放送の「公平の原則」[1]に反すると批判の声を上げ始める．この動きは人種・民族を越えて消費者運動，労働運動，ベトナム反戦運動，反公害運動へと広がり，放送局の免許取り消しを認めたWLBT事件，受け手の情報へのアクセス権を認めたレッドライオン事件，有害なタバコなどの一方的コマーシャル禁止，あるいは反対広告への放送時間要求を認めたバンザフ事件へと発展し，放送行政に市民運動が大きな影響を与えるようになる．運動はさらに放送の単なる受け手から送り手を志向する市民のアクセス運動へと発展していった．

　1970年，ボストンの公共放送局・WGBHは放送時間の一部を開放し，地域住民が制作する番組『キャッチ44』の放送を始める．この番組の影響を受け，イギリスではBBCが『オープン・ドア』を，日本でもテレビ神奈川が『あなたが作るテレビ番組』，NHKが『あなたのスタジオ』を始めた．

同じ頃カナダでは映画を利用した官民一体の社会運動「変革への挑戦」(Challenge for Change) が展開されていたが，これが新たに登場した可搬型ビデオのポータパック (Portapak)，それとアメリカよりも早く普及したケーブルテレビと結びつき，一方では市民による番組制作，パブリック・アクセスに，一方ではメディア・リテラシー運動へと発展していく．その背景にはマクルーハンのメディア論の思想的影響があった．

ケーブルが普及し始めるとアメリカでも市民放送の対象は地域に密着したケーブルテレビに向かう．1972年，市民が番組を企画・制作するパブリック・アクセス・チャンネルがケーブル事業者に義務づけられ，その後1984年のケーブル通信政策法による改定の後も制度的裏づけの下，ケーブルの普及にあわせて各地に広まり，定着していった．

日本：ケーブル中心に広がった自主放送　日本における市民放送はケーブルテレビで始まり，コミュニティーチャンネルという形で展開していった．

最初の市民放送は，1963年岐阜県八幡町でケーブル共同受信施設を利用して始まった．東京や名古屋のテレビ局から送られてくるニュースや番組は地域の生活とかけ離れ，なじめない．料理番組をとってもメニュー，材料とも都会向けでピンとこない．テレビは与えられて見るだけのものではないはずだ．自分たちで身近な番組を作って放送しようと，電波監理局の認可が下りず民放やNHKが反対する中で，空きチャンネルを使ってスタートした．実質僅か1年間だったが，ニュースやお知らせ，教養・教育・娯楽と幅広い番組，電話を利用した双方向の番組や討論番組など，今日から見ても先駆的な試みをしている[2]．

1966年に始まった静岡県下田ケーブルの場合は「有線テレビ放送は，幼稚なものではあるが，CATVの視聴者自らが放送に参加し，誰もが出演し，代わる代わる語り訴えることのできる新しい媒体であり，……大衆生活の利益に結びつけ，地域文化開発に役立てることをすすめるべきである」と，より確固とした考えの下にコミュニティー放送が進められた[3]．

当時のケーブルテレビ創業者にはなぜか安保反対闘争やベトナム反戦運動の

経験者が多いが，この時期，放送行政当局や既存放送局からの風当たりが強い中での自主放送は，ある面で市民運動，地域の文化運動の性格を持っていた．

　市民の制作参加，地域重視の自主放送の伝統は，都市型ケーブルテレビに受け継がれる．アメリカのように法的な裏づけのない中で，米子の中海テレビが1992年，独自にパブリック・アクセス・チャンネルを設け市民放送をスタートさせ，盛岡，武蔵野・三鷹，横浜，平塚などいくつかのケーブルテレビで市民による制作体制が組織され，コミュニティーチャンネルで放送するようになる．

　一方ラジオでは，1992年に函館で始まったコミュニティーFMが地域密着，市民参加を目標に全国に広がり，2003年11月で167局にまで増えている．FMわぃわぃのように外国語による番組を放送している所も少なくない．2003年には初のNPO組織による放送局「京都ラジオカフェ」も始まった．

§2　市民放送成立の背景

　市民社会の構造変化　市民放送が盛んになった背景としては，次の3点が考えられる．

　第1は社会，時代の変化，それにともなう放送と市民の関係の変化である．

　本来放送は社会を映す鏡であり，商業放送であっても公共的なものとして，地域や社会の意向を反映すべき事が多くの国で定められている．しかし放送は同時に，広範囲に1対多の形で情報を伝達する典型的なマス・コミュニケーションであり，多少のフィードバックは可能であるにしても市民にとっては自ら発信する場ではなく，視聴者・受け手としての受動的な情報空間であった．

　グローバル化とともに多民族・多文化化，価値の多様化が進んでくると，どのように市民の意向を汲み上げ，視聴者参加の道を開いても対応しえなくなる．さらに厳しい市場競争の中で，放送はプロとされる送り手から受け手・市民に向けて一方的に流されるだけで，受け手・市民は視聴率の対象，より明確で象徴的な言葉で表現するなら消費者，市場とみなされるようになり，社会のすべ

てを放送空間に反映し，価値の多元性の共存をはかることは不可能になってくる．そこを埋めるのが市民自らによる放送に他ならない．多様化の進む社会を民主的に運営・発展させていくために，放送というコミュニケーション手段において市民自らの情報発信が不可欠になってきたのである．

　電波の高度利用　技術の進歩は電波の未使用帯域の開発，干渉・混信の予防と効率的利用を可能にし，さらにデジタル技術の出現はかつて想像できなかったような高度利用，多チャンネル化，多メディア化を可能にした．伝送路も地上波，衛星，ケーブルと多様化し，ケーブルも銅線から光同軸ハイブリッド，光へと広帯域化され，デジタル化により一層大容量のブロードバンド時代を迎えようとしている．

　希少とされた電波は高度利用により，大量で過剰なほどのメディア資源となり，伝送路も無線・有線あるいはその組み合わせと多角化し，放送は多チャンネルの，多様な形態での利用が可能なメディアとなった．受け手としての選択肢が増えたばかりではない．一般市民が送り手として利用できる機会も増えたのである．

　放送機材の家電化　多チャンネル化とあわせ，技術面で市民と放送の関係を大きく変えたのは，エレクトロニクス技術の進歩による放送機材の家電化だった．

　放送は混信しやすい電波を利用することから，厳しい技術基準にあわせた精密な機器や大規模な施設を装備して制作・送出・発信する装置産業であり，放送機材はプロ以外には操作の難しいものであった．しかし技術の進歩は，機材の小型・軽量化を進め，専門家仕様から一般仕様にと変え，誰でも容易に入手し操作できる機器にした．放送機材が家電化されたのである．

　その先駆けとなったのが可搬型ビデオの開発だった．日本では技術革新による便利な器材としか受け取られなかったが，欧米ではポータパックと呼ばれ，単なる新技術，新機材としてではなく，遥かに大きな意味をもつメディア，市民が新たに手にした表現の手段，社会をも変えうる重要な武器として認識され

た．欧米では多チャンネル放送の可能なケーブルテレビの普及とポータパックの登場が市民の放送参加の重要な契機となった．

　カメラ，編集機，ミキシング機器などはその後さらに廉価で操作性も良くなり，誰もが使えるようになる．送出，インターネットへの発信も容易になり，紙・筆による文字とは別の，音声・映像による新しい表現メディアとなった．

　こうみてくると放送への制作参加，放送による市民の表現とは，市民が文字・筆・紙と同じ様に，音声・映像・電波をコミュニケーションの手段として自らのものとすることに他ならない．市民放送は，放送における市民の情報空間の拡大・深化の，ある意味での到達点であり，市民と放送とのこれまでとは異なった関係の構築でもあった．

§3　市民放送の現状

　ヨーロッパ　オランダはさまざまな人種・民族・文化が交じりあう，しかも覇権主義的発想や意識を持たない成熟した都市社会である．小さな国ではあるがきわめて多様な市民放送が展開されており，これからの社会と放送のひとつの姿を予見させる．

　たとえばアムステルダムのローカル放送局・SALTO ではニュース・情報用の各1チャンネルとは別に，テレビ2，ラジオ5がオープン・チャンネルとして市民に開放され，プロからアマチュアまでおよそ200の個人や制作団体が多様な番組を放送している．内容的にも売春やドラッグが許される国らしく，前衛的な映像からきわどい性的表現まで変化に富んでいる．数字で見ると，政治関連15％，ニュース25％，教養文化20％，娯楽10％，若者向け10％，その他20％と多彩で，オープン・チャンネルの週1回30分以上の接触率はテレビで46〜7％と高い．

　最も制作力のある団体「移民テレビ」は，モロッコや，スリナムなどからの移民が暮らしやすいよう，オランダ社会に溶け込んで1日も早くその構成員になれるようニュースや学校，病院などの情報，あるいは娯楽，教養文化的情報

を流し，放送はそれぞれの民族コミュニティーの70％に見られているという．

1990年代に入ってテレビにおよんだフランスの違法放送，自由テレビは，コミュニケーション法第1条「視聴覚コミュニケーションは自由である」の大原則に則って2000年，一定の秩序の下に制度化された．パリでは『OSF』（国境のない電波）など6つの自由テレビ放送局に暫定免許が与えられ，UHF 36チャンネルのひとつの波を3時間ずつに分けて放送している．

「あらゆる社会的カテゴリー・民族的属性をもつ，すべて人の手に届く道具としてのテレビを」「テレビを作る方にまわろう」「抵抗する勢力のない民主主義はないように，対抗する映像のない民主的映像はありえない」といったスローガンを掲げ，中古機材で組み立てた放送施設や旧縫製工場の雨漏りのするスタジオから，自分たちの制作番組や市民の持ち込み作品を放送し，公共放送にも商業放送にもない市民誰もが参加できる市民テレビの実現を目指している．

各州ごとに放送法が規定されているドイツでは，市民放送も州ごとに多様な様相を呈しているが，もっとも一般的な市民放送はケーブルによるラジオ・テレビのオープン・チャンネルで，2001年，16州中12州，77カ所で実施され，600万世帯が視聴できる．オープン・チャンネルはナチズムの反省から，市民の言論・表現の自由を保証し多元性を確保するため，市民が自分たちの意見を形成し，それを表現し・発表する機会，場を与えるという目的の下に制度として作られた．「放送でもマスコミでもなく，民主主義的文化の一部，文化的な装置」とする考え方も強い[4]．放送内容には地域や住民の特徴が反映しているが，番組の内容，質はさまざまである．

アメリカ，カナダ　アメリカでは70％の世帯がケーブルを通じてテレビを見ているが，このケーブルテレビにアクセス・チャンネルが設けられ，市民に開放されている．これはケーブル事業者に占用権——フランチャイズ権を与えるのと引き換えに，自治体が権料とチャンネルを要求できるもので，地域の住民が自由に発言・発表できる市民（Public），教育機関が中心になる教育（Educational），自治体（Governmental）用の3つのアクセス・チャンネルからな

りたっている．

　アクセス・チャンネルの内容は地域により異なるが，基本となる考えは共通している．地域と密接に結びついた草の根のメディアであること，そしてとりわけ市民アクセス・チャンネルは言論・表現の自由を守るために，市民のアクセス権を保証するものと考えられている．そこは市民誰もが自由に発言・発表できる放送の場であり，「知る権利」すなわち「知らされる権利」と「知らせる権利」の両方を満たす場と考えられている．民主主義の大前提，憲法修正1条に保証された権利である言論の自由を確保するためには，市民が自由に放送を使うことができなければならない．市民アクセス・チャンネルはこうした理念に支えられ，番組は無検閲でケーブル事業者の編集権はおよばない．

　事実，湾岸戦争，9.11，アフガン戦争，イラク戦争ではマスコミ報道が戦争支持一色に染まったのに対し，市民アクセス・チャンネルでは独自の視点から反戦，マスコミ批判，政権批判の，まさにオルターナティブな言論を各地で現出し，その後の世論形成に一定の役割を果たした．その際各地の市民制作番組を衛星を利用して全米に配信したり，インターネットで世界へ発信したり，また湾岸戦争をきっかけとして各地のビデオ制作者が共同制作をするなど，市民番組が全国，全世界規模で共有されるようになった．

　多文化主義を掲げるカナダでは市民参加のコミュニティーチャンネルの他に，文化や民族の多様性を反映するため，放送言語や放送時間の枠が定められた多言語放送局がいくつもある．サービス形態も無料，ベーシックサービス，有料とさまざまで，全国ネットでは先住民向けのアボリジナル放送や中国語放送局が，大都市にはローカルの多言語放送局がある．バンクーバーのチャンネルMは22カ国語，トロントのオムニテレビは日本人向けを含め46カ国語で放送するなど，きわめて多様な放送サービスを提供している．

　日本　米子市の中海テレビはパブリック・アクセス・チャンネルに1チャンネルを割いている．ケーブルテレビの存続基盤は地域住民からの支持にあり，競争の激しいデジタル多チャンネル時代には地域情報の充実が不可欠であると

1992年から始めた．法制度のない中で独自に目的，形態，編集方針，講習について定め，各種団体によるチャンネル運営協議会を組織して運営している[5]．

　独自のチャンネルを持たないまでも，ほとんどのケーブルテレビがコミュニティーチャンネルを運営し，その中で市民の制作した番組を放送している．武蔵野・三鷹ケーブルテレビの場合，市民が町づくりを目指してNPO法人「むさしのみたか市民テレビ局」を組織し，ケーブル事業者との間に協力・支援の協定を結んで番組を制作，放送している．市民テレビ局は塾形式のアナウンス，構成，編集などの研修組織も備え，番組制作研修も行っている．市民テレビ局が自立していくためには財政基盤の確立が不可欠と，制作，事務のほかに経営部門も組織し，中期的展望の下に活動を進めており，今後の市民放送のモデルとして注目できる．

　最近の調査によると市民単独，あるいはケーブル事業者と共同でコミュニティーチャンネルの番組を企画・制作しているケーブルテレビ局は，全体の16％にのぼり，その3分の2では事業者が制作機材の提供，制作技術の支援など市民の番組制作支援を行うまでになっている[6]．ケーブルに限らない．地上波テレビでも熊本朝日放送や三重テレビなどが市民の制作した番組を放送するなど，制度がない中で日本でも市民の制作参加が目立って盛んになってきている．

　阪神大震災直後，兵庫県長田区に数多く住む韓国・北朝鮮やベトナム，フィリピン人たちの情報過疎，情報空白を埋めようと必要に迫られて始まった神戸の『FMわいわい』は，その後正式免許を受け，外国人ばかりでなく地元住民も混じって，韓国・朝鮮語，ベトナム語，タガログ語など8言語でコミュニティーの情報を流している．インターネット放送でも発信しており，地域密着の市民放送でありながら，それぞれの母国でも良く聞かれているという．「ローカルにしてグローバルを」のモットーをまさに体現したラジオであり，これまでの日本にはなかった新しいタイプの市民放送といえよう．

　その一方で平塚市の湘南ケーブルとFMナパサのように，東海地震などの災害に備えて防災番組を日頃からケーブルテレビとコミュニティーFMとで

連携させ，同時，生で送出するような，まさに地域の市民放送も生まれている．

　こうみてくると，日本にも市民放送の水脈は流れていることがわかる．確かに文化の同質性や共同体意識が強く，お上や規律に対して従順で自己主張や自己表現が少ないといわれるが，社会の多様化にあわせるようにマイノリティー，障害者向けも含めて市民放送の潮流が強まり，着実に根づきつつある．

§4　市民放送の位置づけと課題

第3の放送，市民放送の意義　マスメディア，市民，権力の構図，位相も変わった．市民階級の成立当時は，言論・表現の自由のためにメディアと市民は一体となって国家権力と戦う「市民＝メディア」対「国家」の単純な2極構造にあったが，資本主義の発達，大衆社会化の進行，大量消費社会の成立の中でメディアの巨大産業化，商業主義化，第4の権力化が進み，市民とマスメディアとの乖離が大きくなってくる．「市民＝メディア」対「国家」の2極構造は，「市民」対「メディア」対「国家」の3極構造へと変化し，市民とマスメディアの対立が市民のメディア批判，反論権，アクセス権などの主張を生み出すようになった[7]．しかもここでいう市民もかってのように画一的，均質ではない．グローバル化，多様化が進み，ある意味モザイクの複雑な様相を示すようになった．

　こうした社会にあって放送でいうなら公共放送や商業放送が情報空間の中央部に位置し社会の中央部分，平均的な部分をカバーするのに対し，第3の放送・市民放送はマイナーなあるいはローカルな周縁部分をカバーする．公共空間とはこの周縁部を含めた全体を指すものであり，その実相は国や社会で異なるし，同じ国や社会でも時代と共に変わるものである．

　どのような新しい価値・思考，生活・文化も，当初は常にマイナーなもの，ローカルなものあるいはオルターナティブなものとして周縁部に生れ，それが支持者・賛同者を増やしながらメジャーなものとなって中央に移る，これが歴史である．周縁が中央に，中央が周縁に，マイナーがメジャーに，メジャーが

マイナーにと転換する．これが歴史の動態であり社会を動かすエネルギーでもある．周縁部が多様・大量で，中央部と周縁部の相互交流・影響がさまざまなメディアの回路を通じたコミュニケーションによって保証され，そして転換がスムーズに行われるほど，民主的で柔軟な活力のある社会といえよう．

ケーブルや衛星による多チャンネル化は，技術的にメディアの回路を増やし第3の放送の展開を容易にする．しかし一方で規制緩和による市場原理の追求が放送メディア産業の寡占化を促し，逆に多様な市民の放送を阻害しつつある．

日本でもケーブルテレビが1,100万世帯にまで普及し，パーフェクTV（現スカイパーフェクTV）が放送を始め，多チャンネル時代を迎えた1996年12月，「多チャンネル時代における視聴者と放送に関する懇談会」がまとめた報告書には，パブリックアクセス市民の放送への積極的参加の可能性，国会テレビへの期待，障害者向け放送の充実，外国語放送の充実などの課題と方向性が示されていた．その後コミュニティーFM，外国語FMなどは阪神大震災の教訓から防災メディアとしての意味もあって増加したが，市民放送は制度化されていない．国会テレビも開局はしたものの休止に追い込まれているし，衛星の外国語テレビチャンネルもほとんど伸びていないのが実情である．第3の放送が根付くための条件，そして課題はどこにあるのか次に考えてみたい．

制度的，財政的バックアップ　放送は公共的なものとされてきたが，公共空間は国によりまた社会の動きにともなって時代と共に変わる．放送は制度といわれるが，制度は常に時代の後追いであって制度を守ることが目的ではない．民主的な市民社会を実現し維持・発展するように放送が機能する，放送制度はあくまでもそのための枠組，手段なのであり，時代，社会にあわせて変えていくべきものである．

欧米では多くの国で市民放送，第3の放送が憲法や放送法の下に制度化されている．たとえばアメリカ，カナダではケーブル事業者は市民アクセスにチャンネルの一部および事業収入の一部を提供しなければならないし，アメリカの衛星放送は国会テレビなど公共性の強い放送にチャンネル数の4％を無料で提

供することが決められている．カナダでは多言語多文化放送が，オランダやドイツではオープン・チャンネルが市民放送として制度化されている．ケーブルテレビやローカル放送としての免許が多いが，中には韓国のように公共放送・KBSの中に位置付けられている例もある．

　制度的支援と並んで財政的支援も行われている．市民放送の運営資金は会員会費や基金，寄付が中心だが，国や自治体の援助，あるいは受信料の一部充当といった形で支援されているケースが多い．こうした資金を元にNPO，ボランティアがアクセスセンターを組織し，機材を整え，市民の放送での表現を支えている．

　日本でも電気通信役務利用放送により放送への参入は容易になったが，市民の放送参加はまだ制度化されていないし，これを支援するような電波料，伝送料の減免などの規定はなく，公的な資金援助もない．

メディア・リテラシー，番組の企画制作とその教育研修　しかし制度化され，財政基盤が整えば市民放送が機能するというものでもない．番組の制作には筆で文章を書くのとは違う別の技術，論理，リテラシーが必要とされるからである．残念ながら日本ではメディア・リテラシーの導入に当たって，テレビを批判的にみ，その裏読みや意図を探ることに偏っていたきらいがあるが，メディア・リテラシーとは筆・紙と同じようにカメラとマイクを使い映像と音声で表現する，その技術を身に付ける事に他ならない．そのことが真の意味でメディア視聴の理解をも深める事になり，テレビというコミュニケーションツールを使いこなす事にも通じる．

　番組制作機材は家電化され，廉価で操作も容易になった．問題はそれを使って何をどう表現するか，その手法の取得という事になる．ビデオカメラは日本ではおよそ3分の1世帯にまで普及しているが，取材し構成を立てての撮影，映像の編集や音づけとなるとずっと少なくなる．スタジオのトーク番組も含め，番組の制作となるとそれなりの演出・技術の修得が必要となるからである．

　欧米では学校教育現場で映像表現の実技が重視され，大学になるとニュース

番組の制作や放送をしているところもある．さらに市民放送の底辺を広げようと，程度の差や内容の違いはあるが，各国で市民のために番組制作の教育研修組織が作られ，セミナーが開かれている．日本ではこの制作研修・支援組織が少なく市民放送のひとつのネックになっていた．しかしビデオ撮影を含めてメディア・リテラシーが学校教育に取り入れられ，大学でも盛んになってきた．各地の女性センター，メディア・アクセスを目指す名古屋の団体，熊本県の人吉球磨を中心に市民と自治体職員に制作研修を進めるNPO，むさしのみたか市民テレビ局などのケーブルテレビと，各地に組織や施設が生まれてきている．

市民放送は個人が情報を発する原点であると同時に放送の原点でもある．それは単に演出・構成し，制作・表現するだけではなく，個人の閉じられた世界から開かれた公共の場に出ることであり，必然的にさまざまな問題点を浮び上らせる．言論・表現の自由，プライバシー，名誉毀損，公共の福祉，さらに著作権，放送権といった権利問題にまで広がる．市民の放送による情報発信とは市民社会でのこうした理念や規範を考え，自ら判断する力を身につけることでもある．それは，まさにメディア・リテラシーそのものでもある．

市民放送の今後，デジタル・ブロードバンド時代の市民と放送　パソコン，インターネットの普及，そしてブロードバンド網の整備，こうした技術の急速な進展・普及が新しいメディア環境を生み出し，市民の放送参加にも変化を迫りつつある．アメリカの市民放送ディープディッシュTVやフリースピーチTVは，衛星やインターネットを通じて素材を集め，制作した番組を配信しているし，日本でもFMわいわいがインターネットで放送を流し，アジアで聴取されている．ローカルのコミュニティーFMやコミュニティーチャンネルがインターネットを通じてまさにグローバルに流れるようになった．

放送・通信の融合・重複が進み，市民放送のある部分はブロードバンド，インターネットに代わりつつある．インターネットは顔の見えない未知・不特定の相手を対象とするため，ともするとサイバーな空間をバーチャルな言論・情報が流れやすいが，これをケーブルテレビを通じてコミュニティーの現実社会

と結びつけ，生活に根差した，より実在感のあるものにしようという試みも始まっている．ケーブルやコミュニティーFMがインターネットと結びつく事によって独自の市民放送の世界も開けつつあるといえよう．

　通信・放送の融合・重複は進んでもメディアそれぞれの特性は残っていく．市民の情報発信は結局このメディア特性を生かしながら，放送，インターネットあるいは両者結合というそれぞれのメディア空間で，今後ますます広がっていくだろう．それは筆・紙のほかにカメラ・マイクという表現手段を手にした市民が，放送・インターネットを通じて自らのコミュニケーション，情報空間を拡大・深化することによって，より主体的に社会とかかわっていくことに他ならない．

（平塚　千尋）

注）
1）1987年，公正原則（Fairness Doctrine）は撤廃される．
2）平塚千尋「コミュニティメディアとしてのテレビの可能性，その1，郡上八幡テレビ」『放送教育開発センター研究紀要』第9号　1994年　pp. 133-148
3）放送ジャーナル社編集部『こちら下田CATV』1972年　p. 4
4）"Bürgermedien" *Private Rundfunk in Deutschland,* 1999/2000, pp. 624-625.
5）金沢寛太郎・平塚千尋『パブリックアクセス・チャンネルのコミュニケーション構造の調査報告書』広島市立大学　1997年
6）金京煥（上智大学博士課程）の2002年調査による．
7）堀部政男『アクセス権とはなにか』岩波書店　1978年　pp. 31-36

参考文献・引用文献
原崎恵三『海賊放送の遺産』近代文藝社　1995年
児島和人・宮崎寿子編『表現する市民たち』NHK出版　1998年
津田正夫・平塚千尋編『パブリックアクセス』リベルタ出版　1998年
津田正夫・平塚千尋編『パブリック・アクセスを学ぶ人のために』世界思想社　2002年
カナダ市民とメディア調査団『カナダの市民とメディア～多文化・多言語と共に

〜』2004 年

Ralph Engelman, *Public Radio and Television in America : A Political History*, Sage Publications, 1996.

XII 放送の変遷

§1 ラジオの時代

KDKA局開局 放送は第1次世界大戦後, 無線 (radio) 技術を応用した番組送信サービスとして, 世界的に普及していくが, その主要な原動力となったのはアメリカであった.

アメリカでは1900年代初頭から, 無線で肉声や音響を送信する実験が開始され, 1910年代には, 真空管を発明したド゠フォレスト (De Forest, L.) が, 講演, ニュース, レコード音楽の送信や, オペラの中継に成功している. しかし, 送信は定時に行われたわけではなく, また, ド゠フォレストが対象にしたのは, ラジオ受信機の組み立て技術を習得した, アマチュア (無線愛好家) であった.

アマチュアだけではく, 一般の人達が番組送信に興味を持つようになるのは, 1920 (大正9) 年11月2日, ペンシルベニア州ピッツバーグでラジオ放送局のKDKA局が開局されてからである. KDKAは電機機器メーカーのウエスティングハウス社の子会社で, 目的は, 番組の合間に同社製のラジオ受信機の販売宣伝を行うことであった. 親会社の製品の広報宣伝機関であったが, KDKA

の歴史的意義は，開局当日，国民注視の的だった米大統領選挙を速報し，ラジオの報道的機能を印象づけるとともに，以後，番組の定時編成と予告を行い，大衆の間にラジオの聴取習慣を醸成していった点にあった．KDKA局によって，ラジオ受信機が普及し，聴取者層が形成され，ラジオ放送の発展の基礎が構築されたのである．

WEAF局の放送時間販売制度　ラジオ放送の発展にとって，KDKA局とならんで重要な役割を演じたのは，AT&T（アメリカ電話電信会社）が1922年8月，ニューヨークに開局したWEAF局である．WEAF局の目的は，放送時間を販売することにあった．電話の通話時間と同じように放送時間の売買をビジネスにする，という発想である．WEAF局に先行するラジオ局は，たとえば，KDKA局がそうであったようにいずれも，親企業の広報宣伝機関であり，放送時間の売買は行っていない．

最初に放送時間を買ったのは，ニューヨークの住宅建設会社で，宣伝担当者がニューヨーク郊外に新築したマンションの効能を並べ立てた．放送時間は10分間，WEAF局に払った料金は50ドル．この放送時間販売制を基礎として，やがて，ラジオ局が制作あるいは調達した番組を広告主が買い，番組に広告主のコマーシャルが入るという，商業放送システムが確立される．放送時間販売制度の導入によって，それまで親企業の宣伝機関として行われていた番組送信は，宣伝機関とは別の独立した放送産業として発展してく．WEAF局の歴史的意義はそこにあった．

KDKA開局を皮切りに，GEやRCAなど大手電機通信機器メーカー，AT&T，新聞社，大学，教会，デパートなどが競ってラジオ局を開設し，ワールドシリーズ，ボクシング，アメリカンフットボール，オペラ中継のほか，ニュース，音楽，講演，教育など多彩な番組が放送された．1922年末にはラジオ放送局は500を超え，受信機は200万台，2年後の1924年には500万台に達する勢いで，「国民総ラジオ狂」といわれるほどの"ラジオブーム"であった．このブームが世界に広がっていく．

しかし，アメリカでのこうした急激な発展は，ラジオ局の乱立に伴う混信被害を全米の各地で引き起こしていった．それはカオス（chaos）と呼ばれるほどの深刻な事態であったが，「1927年無線法」によって，放送通信を規制する連邦無線委員会が設置されるまで，根本的には解消されなかった．KDKA局をはじめ，ラジオ放送局の免許は商務省が交付していたが，同省には免許申請を受理するだけの権限しか与えられていなかった．ラジオ放送発祥の地ともいえるアメリカでは，ラジオブームとカオスが混在していた．

株式会社から公益法人へ　アメリカのラジオブームに刺激され，日本でもラジオ放送の速報機能に注目した新聞社を中心に，放送局開局の機運が高まり，1924（大正13）年5月までに，監督官庁の逓信省（現総務省）に対し，東京，大阪，名古屋を中心に各地から64件の放送局設立認可申請書が提出された．

逓信省は無線電信法（1915年制定）を根拠に，放送局の私設をとくに主務大臣が認めたものとして許可し，事業運営については株式会社組織の民営で行う，という方針を打ち出した．その理由は，次のようなものであった．

「無線電信及無線電話ハ政府之ヲ管掌ス」（無線電信法第1条）の規定にしたがえば，放送も官営とすべきである．しかし，放送事業は番組の企画・編成，出演者の選定・交渉など，明治以来政府が官営で行ってきた通信事業とは異なる面が多い．また，国家財政が逼迫している折，収益性の見通しがたたない放送事業を政府が行うことは得策ではない．

アメリカにおけるカオスの実態を現地調査で把握していた逓信省は，電波の混信を避けるため，まず，東京，大阪，名古屋の3大都市にそれぞれ1局ずつ，ラジオ放送局を開設することを決定し，1924年5月末から各都市で出願者を一本化する調整作業に入った．しかし，調整作業は，放送事業に営利性を期待した出願者同士の利害が絡み合って難航し，とくに大阪では紛糾をかさねた．

出願者の合同が難航している状況をみた逓信大臣犬養毅は，1924年8月，放送事業を政府の厳重な監督の下に公益法人に運営させる方針を明らかにした．民営の方針は変わらないが，放送事業の公共性を重視し，利潤追求を目的とす

る株式会社ではなく，公益法人が聴取料を財源として行う非営利事業にする，という断を下したのであった．

社団法人日本放送協会の設立　逓信省の方針に基づき，1924年11月29日に社団法人東京放送局，1925年1月10日に社団法人名古屋放送局，同年2月28日に社団法人大阪放送局がそれぞれ設立されたが，逓信省（現総務省）は3局の設立に当たり，法人設立許可命令書を交付した．命令書には，放送事業計画や収支予算，放送局の理事・監事の選任，解任を逓信大臣の認可事項にすることなど，逓信大臣の広範な監督権限が含まれていた．

　1925（大正14）年3月1日，社団法人東京放送局が，芝浦の東京高等工芸学校の一部を借りて設営した仮放送所から第一声を発した．日本の放送の幕開けであったが，設備が逓信省の検査に合格しなかったため，聴取料を取れない試験放送という条件がついた．3月22日から「ニュース」，「時報」，「天気予報」，「株式市況」，「商品市況」などの定時放送を開始，7月には新築された愛宕山の放送局舎から放送を始める．聴取料は月額1円であった．東京放送局に次いで大阪放送局は1925年6月1日，名古屋放送局が7月15日にそれぞれ放送を開始した．

　東京，大阪，名古屋で放送がはじまると，他の都市からも放送を聴きたいという声が高まってきた．逓信省は1926（大正15）年2月，3局を合同させ新たに社団法人日本放送協会を設立し，本部を東京に置き，全国に7つの支部（放送局）を設置する案を作成した．同案では，放送協会の常務理事8人全員に逓信省出身者を充てることになっていたため3局側は反発した．とくに社団法人東京放送局の解散総会では，政府横暴，解散反対の怒号が飛び，途中から警官が警戒にあたるという異様な場面もあったが，結局，3局は旧法人を解散し，同年8月20日，社団法人日本放送協会が設立された．その後，1928年半ばに札幌・熊本・仙台・広島放送局が相次いで開局し，同年11月5日，7局を結ぶ中継放送網が完成する．そして，11月6日から昭和天皇即位の大礼の奉祝特別放送が始まった．

XII　放送の変遷

ラジオの普及　3局合同以前から，各放送局は，番組開発に創意工夫を重ねた．東京放送局が1925年8月に放送した，ラジオドラマ『炭坑の中』は，「皆さん，電気を消してお聴きください」という呼びかけで始まる．炭坑が爆発を起こし，暗黒のなかに閉じ込められた老人と若い男女2人が死の恐怖と戦う姿を描いたもので，爆発や地底から噴出する水の音などを効果的に使い，息詰まる雰囲気を出した．

名古屋放送局では，1925年10月，名古屋市内の陸軍第三師団練兵場から，天皇誕生日祝賀式の模様を放送した．実況中継第1号である．実況中継はその後，野球，大相撲，水泳などスポーツの分野で活用され，人気番組となっていく．ラジオは新しい音の文化を求めて，ドラマ，邦楽，洋楽，浪曲，講談，講演など多彩な番組を創造していった．

放送開始当時，ラジオ受信機は高価であった．レシーバーを耳にあてて聴く鉱石ラジオでも30円，アメリカRCA製のスーパーヘテロダイン（真空管式受信機）では1,500円もした．大学卒の初任給が75円の時代である．鉱石ラジオは1人でしか聴けない，孤独なラジオ聴取であったが，社団法人日本放送協会が7局を結ぶ全国放送網の建設を完成する1928年末には，電灯線から電源をとるスピーカーつきエリミネーター式受信機が，3球式（真空管3個）で50円程度まで下がり，やがて，家族揃って放送を聴く時代が訪れる．

ラジオは受信機価格の低廉化とともに，報道と娯楽機能を持つ新しいメディアとして，大衆に受け入れられていった．そして，満州事変（1931年）から日中戦争（1937年）を経て，太平洋戦争開戦（1941年）に至る過程で，ラジオは国策の徹底，世論の指導，国民の戦意高揚，海外へのプロパガンダを行う重要なメディアとなった．放送が開始された1925年に約25万件だった聴取契約は，1931年に100万件，1937年に300万件，1940年には500万件を突破している．

戦時下の放送　逓信省（現総務省）は，放送開始当初から法人設立許可命令書を通じて，放送事業体の運営を監督するとともに，厳しい言論統制をしいた．マスメディアに対する言論取締り法規である「出版法」および「新聞紙

法」で出版・掲載が禁止された事項を放送禁止にするとともに，逓信省は「放送事項取締りに関する電務局長通達」(1925年)を出し，「安寧秩序を害しまたは風俗を乱すもの」，「外交や軍事の機密事項」，「官公署の秘密，議会の秘密会の議事」，「政治上の講演，または論議と認められる事項」などを放送禁止事項に指定した．

　逓信省（現総務省）はさらに，検閲によって放送内容を規制した．ニュースやドラマなどは事前に原稿や台本を逓信局に提出し，音楽，講演，浪曲，講談など事前に細かくチェックできないものについては，梗概と出演者名・経歴を届け出なければならなかった．そして，万一禁止事項を放送した場合は，立会いの逓信局係官が放送を遮断した．

　日中戦争が拡大する中，1938（昭和13）年，国家総動員法の制定によって，国民の経済・生活を統制する権限が政府に委任される．政府の言論統制も強化され，翌1939年には，逓信省（現総務省）や内閣情報部が参加する時局放送企画協議会が日本放送協会に設けられ，放送番組の編成に政府が直接介入するようになった．1940年，内閣情報部を拡大強化した情報局が発足し，放送事項の指導・監督権は逓信省（現総務省）から情報局に移管され，番組検閲事務と放送施設の監督だけが逓信省（現総務省）に残された．情報局は放送を，国防国家を建設するための重要なメディアとして位置づけ，閣僚が政府の方針を説明する『政府の時間』や陸海軍関係の報道の時間などを新設した．

　1941（昭和16）年12月8日午前7時，太平洋戦争の開戦を伝える臨時ニュースが流れた．開戦と同時に放送は戦時体制に入り，番組の企画編成は戦争遂行が根本方針となった．報道番組は強化されたが，情報局は「戦況ならびに推移に関しては，彼我の状況を含み大本営の許可したもの以外は一切報道禁止」と通達した．開戦当初，大本営は比較的事実に即した戦況発表を行ったが，開戦から6カ月後，日本海軍が空母4隻および巡洋艦1隻沈没という致命的損害を受けたミッドウェー海戦では，「航空母艦1隻喪失，同1隻大破，巡洋艦1隻大破」と報じた．以後，戦局の悪化とともに大本営発表は，ますます事実から

遠ざかっていく．前線の戦況のみならず，戦争末期，日本本土がB29の空襲に曝されるようになってからも，大本営発表には，「市街家屋に多大の損害発生せるも，官民の敢闘により鎮火せり」という表現が多く，被害の地域，程度，死傷者の有無などは，ラジオや新聞では一切報道されなかった．各国とも戦時には国民の士気を考慮し，損害の発表にあたっては，必ずしも事実をそのまま伝えないことがあったが，大本営発表は事実との食い違いがあまりにもひどく，国民は戦後はじめてその実態を知らされる有様であった．

CIEの民主化番組　1945（昭和20）年8月15日正午，ラジオは天皇がマイクの前に立って終戦の証書を読み上げた「玉音放送」を放送した．満州事変に始まる15年戦争は，日本政府がポツダム宣言を受諾し，連合国に無条件降伏する形で終息した．9月2日，米戦艦ミズーリ号艦上で，日本政府と連合国代表との間で降伏調印式が行われ，以後日本は6年8カ月間にわたり，アメリカを主体とする連合国最高司令官総司令部（GHQ）の占領管理下に置かれることになる．

　日本の非軍事化と民主化を占領目的にかかげたGHQは，旧日本軍組織を解体するとともに，新憲法制定，農地改革，財閥解体，税制改革，教育改革など一連の民主化政策を断行していく．情報伝達の速報性と広範性を持つ放送は，GHQの占領目的を日本国民に周知徹底させるメディアとして重視された．

　GHQは「ラジオコード」を制定し，占領目的を阻害する番組を検閲によって厳しく規制する一方で，CIE（民間情報教育局）が日本放送協会に対し，民主化を推進する番組を積極的に開発するよう，強力に指導していった．CIEはまず，聴取者がスイッチを入れれば朝から晩まで放送が聴ける全日放送や，番組を15分単位で編成するクォーターシステムを導入し，日本人によって番組が最も効果的に聴取される体制を整備した．

　占領開始直後に放送された『街頭にて』（のちの『街頭録音』）は，街頭で群集の意見を聞く番組で，マイクを大衆に開放することによって，言論の自由の意味を考えさせる試みであった．そのほか，『婦人の時間』，『教師の時間』，『農

家へ送る夕』などは，婦人・教育・農村の民主化を推進するため，占領初期に企画された番組であったが，1946年に入ると，『民主主義の理念』，『民主主義政府』，『世界の中の民主主義』，『日本における民主主義的傾向』など，番組タイトルに民主主義という言葉を冠した一連の番組が放送されるようになった．

こうした"固い"番組から聴取者が離反することを恐れた CIE は，『話しの泉』，『二十の扉』などのクイズ番組や，連続放送劇『向こう三軒両隣り』，『鐘の鳴る丘』など娯楽番組で聴取者をつなぎとめる努力も怠らなかった．しかし，こうした娯楽番組のなかにも，民主主義の理念や実践など，GHQ の占領目的の要素が巧みに仕込まれていた．占領下，CIE はラジオを日本人にとって身近で親しまれるメディアに変えることよって，占領目的を推進する手段としてラジオを活用した．

民放の誕生　占領開始後まもない 1945 年 9 月，政府は「民衆的放送機関設立ニ関スル件」を閣議決定し，GHQ に提出した．これは，日本放送協会を存続させるとともに，新たに広告収入を財源とする「民衆的放送機関」を設立するというものであった．この政府の計画とは別に，各地の実業家，新聞人の間にも，戦時中，放送が国策宣伝機関に変質させられ，世論を間違った方向に誘導したことへの反省から，新しい放送事業体として民間放送を開設する機運が高まってきた．

しかし，GHQ は占領政策遂行上，日本放送協会の独占運営体制の維持を優先させ，当分の間，民間放送は開設しない方針を打ち出す．民放開設運動は，頓挫せざるをえなくなった．

民放設立運動は，1947（昭和 22）年 10 月，GHQ が日本政府に与えた，いわゆる「ファイスナー・メモ」（正式文書名は「日本放送法に関する会議に於ける最高司令部示唆の大要」）を契機に再燃する．「ファイスナー・メモ」は，GHQ がはじめて民間放送の設立を認め，日本の放送制度に公共放送と民間放送の併存体制を導入するという概念を打ち出した点で，重要な意義を持っている．

1950（昭和 25）年 5 月，放送法・電波法・電波監理委員会設置法が公布され

た．放送法には，①放送の最大限の普及による効用の保障，②放送の不偏不党，真実，自律の保障による表現の自由の確保，③放送に携わる者の職責の明確化による放送の健全な民主主義の発達への寄与，という3大原則が明記された．そして，放送法の目的は3大原則に基づいて，放送を公共の福祉に適合するよう規律することとされ，それまで政府の規則や通達による裁量の余地が多かった放送行政は，法律に基づいて運用されることになった．

放送法に基づき，社団法人日本放送協会は解散し，1950年6月，新たに特殊法人日本放送協会（NHK）が設立された．

電波監理委員会設置法に基づき設置された電波監理委員会は，GHQの意向を受け放送通信の監督機関として新設されたものである．GHQは同委員会を，政党や官僚の関与から独立させ公正・中立な運営が期待される独立行政委員会にするよう要請したが，吉田内閣は行政権は内閣に属すると頑強に抵抗した．最終的にはGHQの意向が貫かれたものの，日本が独立した直後の1952年7月末で，電波監理委員会は廃止され，放送を含む通信行政は郵政省（現総務省）の所管に移る．

電波監理委員会は1951（昭和26）年4月，14地区16社に民放ラジオ局として最初の予備免許を交付した．予備免許を受けた16社のうち，15社は新聞社を母体としていた．その理由は，新聞事業は報道・営業面で放送事業と類似性がある，番組面でも取材記者が政治・経済・文化・演芸・スポーツの各分野を担当しており，番組企画・出演交渉が容易である，ラジオ局で自社ニュースを出せば自社紙の販売拡張の手段となる，放送事業に参入することによって，新聞事業の勢力圏が拡大できる，ことなどであった．新聞社と放送会社の結びつきは，日本の民間放送事業の大きな特色となった．

1951年9月1日午前6時30分，名古屋の中部日本放送（CBC），正午には大阪の新日本放送（NJB・のちの毎日放送）から，それぞれ民間放送の第一声が放たれた．各局とも，先行するNHKに倣い，報道・娯楽・教育・教養番組を総合的に編成する形でスタートしたが，娯楽番組では編成や番組内容に工夫を

凝らした．夜8時台に6本のクイズ番組を編成したり（NJB），レコードを逆に回して曲名を当てさせるクイズ番組『ストップ・ザ・ミュージック』などの番組を開発した（CBC）．解説付きの野球中継は開局2日目にNJBが始めたものだった．新聞社を母体にした民放は，ニュースに力を入れ，新聞社提供のニュースを頻繁に放送してNHKに対抗した．

　民放はCBCが開局の翌10月に始まる決算期から利益を計上するなど，経営面で当初の予想に反して比較的順調な滑り出しをみせた．これは，前年に始まった朝鮮戦争の特需で日本経済が好況に向かい，ナイロンの生産開始やチョコレートの製造再開（1951年）に象徴される消費生活の向上によって，スポンサーが確保できたためであった．

§2　テレビの時代

　テレビ本放送の開始　1953（昭和28）年2月，日本でテレビの本放送が始まった．日本のテレビ研究は，大正の末から，早稲田大学，浜松高等工業，逓信省（現総務省），日本放送協会などがほぼ同時に進めてきた．このうち日本放送協会は，1940（昭和15）年開催予定の東京オリンピックをテレビで放送することを決め，1927年に「イ」の字を受像機に映し出すことに成功した浜松高等工業学校教授・高柳健次郎らを迎え入れ，実用化を目指す研究を始めた．東京オリンピックは，戦争物資の調達や戦費捻出が急務となる中で，1938年7月に中止・返上が決まったが，テレビ研究は続けられ，1940年4月には，日本初のテレビドラマ『夕餉前』が放送された．

　戦後，GHQはテレビ研究を軍事研究の一環とみなし，一時期禁止を命じたが，1950年にはNHKが全国各地でテレビ公開を行うなど研究が再開された．そして，1951年9月，日本テレビ放送網構想が発表され，テレビに対する関心が急速に高まる．日本テレビ放送網構想のヒントは，1951年4月，共産主義に対抗するアメリカの武器として，日本とドイツにテレビ網を建設するという，米上院議員カール・ムント（Mundt, K. E.）の「ビジョン・オブ・アメリカ

構想」にあった．防共対策として日本にテレビ網を建設しようというアメリカ政府の世界戦略にかかわりながら，テレビを日本人の手で企業化する，それが，日本テレビ放送網構想であり，全国の山頂をマイクロ回線で結び，テレビ網だけでなく電話やファクシミリなど通信網の運用も一挙に手中に収めようとする壮大な計画であった．しかし，マイクロ回線網の建設と運用は電電公社が一元的に管理することが決まったため，日本テレビ放送網はテレビ事業に専念することになり，1951 年 10 月 2 日，電波監理委員会にテレビ局開局の免許を申請した．その後，免許申請を行った NHK との間で先陣争いが展開されたが，電波監理委員会は 1952（昭和27）年 7 月 31 日深夜，日本テレビ放送網に予備免許第 1 号を与えた．しかし，開局は NHK が先行し，1953 年 2 月 1 日に本放送を開始，日本テレビ放送網は 8 月 28 日に最初の民放テレビ局としてスタートを切った．

　NHK の開局当時，国内で販売されていたテレビ受像機の大半は輸入品で，アメリカ RCA 社製の 17 インチが 25 万円もした．平均的サラリーマンの月給が 1 万 5,000 円の時代で，テレビを買えたのは富裕層か，客寄せ用に設置した飲食店や喫茶店などに限られていた．このため，NHK は開局当日の受像機台数がわずか 866，テレビの事業収支差金は開局後 4 年間で 16 億 9,000 万円という累積赤字を抱えることになった．一方，日本テレビ放送網は，テレビ受像機数が少なくても，テレビをみる人の数を増やすことによって，テレビの広告効果が上がり広告主の獲得につながるという発想で，盛り場の街頭に大型テレビ受像機を設置した．力道山のプロレス，プロ野球，プロボクシングを映し出す街頭テレビに人びとは群がった．1 台の受像機に 1 万人近い群集が押し寄せることもあった．1954 年末まで，関東一円 278 カ所に設置された街頭テレビは，テレビの広告媒体としての価値を広告主に認識させるとともに，テレビの人気上昇と普及に大きく貢献した．日本テレビ放送網の営業は好調な滑り出しをみせ，開局 7 カ月後の 1954 年 4 月には早くも黒字経営に転じた．

　高度経済成長とテレビ　日本ではテレビ放送が始まって間もなく，

1955（昭和30）年を起点としてほぼ18年間続いた高度経済成長時代が開幕する．高度成長下，テレビ受像機の量産体制が整備され，1958年には受像機の価格はテレビ開局時の半分に下がった．価格の低廉化によって受像機の普及が進む一方，郵政省は1957年10月，NHK 7局（東京教育局を含む），民放34社36局に一斉にテレビ予備免許を付与した．これによって，大都市では複数の民放テレビ局が開局，地方ではNHKと民放が並立する体制が確立した．

　1959（昭和34）年4月10日，皇太子明仁殿下と正田美智子さんの結婚の儀が行われ，この後2人は皇居から東宮仮御所まで馬車でパレードした．テレビは皇居賢所でのご婚儀とパレードの模様を，日本テレビ放送網とラジオ東京（現東京放送）の民放2系列とNHKが中継車31台，カメラ106台を使って中継した．この模様を1,500万人がテレビを通じて視聴した．放送開始から5年を経た1958年にようやく100万に達したテレビ受像機の数は，結婚式の1週間前に200万を突破し，翌1960年2月には400万と爆発的な増加を示した．

　1957年10月のテレビ大量予備免許を契機に，民放テレビは先発の日本テレビ放送網とラジオ東京に，日本教育テレビ（現全国朝日放送）とフジテレビジョンが加わって，東京のキー局が4局になると，キー局による地方局の系列化，つまりネットワーク化が進展していく．キー局としては安定したナショナル・スポンサーを獲得するためにネット局の拡大が必要であり，地方局にとってもネット系列への加盟は経営を安定させる道だった．

　民放キー局によるネットワーク化は，ニュース部門から始められた．その先駆となったのが，1959年8月，ニュース素材の交換を目的に，ラジオ東京と系列16局との間で締結されたJNN協定である．ニュースネットワーク系列は1960年10月の時点で，ラジオ東京系（系列20社），日本テレビ放送網系（16社），日本教育テレビ系（4社），フジテレビジョン系（7社）となったが，その後，ネットワーク化は，ニュース以外の番組にも拡大されていった．

　1959年，テレビ広告費は238億円で，ラジオ広告費162億円を上まわった．1959年，1960年を転機に放送メディアの主役はラジオからテレビに移行して

いく．テレビ広告費はその後，1975年には4,208億円と新聞の4,092億円を抜きさる．

多彩なテレビ番組　1958年10月，ラジオ東京が放送した『私は貝になりたい』は，上官の命令で心ならずも米軍捕虜を刺殺した責任を問われ処刑される平凡な一市民を通じて，戦争の残酷さを描いたドラマで，大きな反響を呼んだ．また，このドラマには，輸入されたばかりの米アンペックス社製のVTR（磁気テープを利用した録画装置）が使われ，その後のテレビ番組の制作・編成に画期的な影響を与えた．

『私は貝になりたい』と同時期あるいは前後して，テレビ史上に残る番組がいくつか制作された．草笛光子が司会する『光子の窓』（1958年，日本テレビ放送網）は，1960年代の人気番組『夢であいましょう』（NHK）や『シャボン玉ホリデー』（日本テレビ放送網）などミュージカル・バラエティーの先駆けとなった．1957年から始まった『日本の素顔』（NHK）は，テレビドキュメンタリー番組の草分けで，近代社会に残る封建制を取り上げた「日本人と次郎長」，水俣病の原因に迫る「奇病のかげに〜水俣病」など話題作を生み出した．また，1958年，東映・大映・松竹・東宝・新東宝・日活など邦画6社が，観客数の減少に危機感を抱いて，テレビへの作品提供を拒否したため，テレビ局側は，外国テレビ映画を購入して対抗したが，なかでも『ハイウェー・パトロール』，『アイ・ラブ・ルーシー』（NHK），『スーパーマン』，『名犬ラッシー』（ラジオ東京），『ローハイド』，『ララミー牧場』（日本教育テレビ）などハリウッド製のテレビ映画が人気を博した．

ニュースの分野では，1960年から『NHKきょうのニュース』が始まった．アナウンサーがニュースを読み記者が解説するという形式で，映像がなくてもその日の主要なニュースを漏れなく伝える「総合編集」を目指したものであった．ラジオ東京が1962年にスタートさせた『ニュースコープ』は，ジャーナリストを起用した初のキャスターニュースであった．

1964（昭和39）年，日本教育テレビで始まった『木島則夫モーニングショー』

は，ニュースを基調に時の人，話題の人，わたしの体験，暮らしなどいくつかのコーナーと音楽を組み合わせた1時間の生番組で，その後全盛期を迎えるワイドショーの先駆けとなった．

テレビ批判 テレビは意欲的で質の高いドラマ，ドキュメンタリーを生み出す一方で，視聴率競争に奔走する結果，興味本位でセンセーショナルな番組に傾斜していく傾向があった．1957年，評論家・大宅壮一は，最高度に発達したテレビが最低級の文化を流すという逆立ち現象が起きているとして，それを「一億総白痴化」と批判したが，テレビ番組における暴力やセックス場面の露出，公開番組での下品なしぐさや言葉使いはあとを絶たなかった．

青少年の非行化との関連でテレビ批判が高まる中，1959年に放送法が改正され，放送事業者に対し，放送番組の適正化を図るため，放送番組審議会を設置することが義務づけられた．さらに，1963（昭和38）年，池田勇人首相が閣議で青少年非行対策を指示したのを受けて，1965年，NHKと日本民間放送連盟が共同で，放送の自主規制機関として放送番組向上委員会を発足させた．同委員会の目的は，放送事業者がマスコミとしての正しい機能を発揮するため，番組の向上を図り，放送事業の倫理的姿勢を高めることにあった．しかし，自主規制機関を設置しても，放送番組編集に対する政府による介入や圧力を食い止めることはできない場合があった．

ラジオ時代，風刺とユーモアで戦後社会を描いたNHKの人気番組『日曜娯楽版』は，1952年6月『ユーモア劇場』と題名を改め再出発したが，1954年の造船疑獄で「犯罪の陰に国会議員あり」とか，佐藤栄作自民党幹事長に対する逮捕許諾請求に関連して「白いさとうが黒くなる」などと風刺した．このため政府与党から受信料値上げ阻止をちらつかせたNHK批判が起こり，1954年，番組は廃止に追い込まれた．

テレビ時代になると，米軍による北爆開始や地上部隊増強でベトナム戦争がエスカレートするなか，1965（昭和40）年5月，日本テレビ放送網は『ノンフィクション劇場——ベトナム海兵大隊戦記・第1部』を放送した．その中で，

政府軍によって殺された解放戦線の少年容疑者の生首がカメラの前に放り出されるシーンがあり反響を呼んだ．この放送の後，内閣官房長官橋本登美三郎が日本テレビ放送網の清水与七郎社長に「残酷すぎる」と電話で抗議し，再放送と第2部，3部の放送は中止となった．1967年には，北ベトナムでの現地取材をもとに制作された東京放送の『ハノイ——田英夫の証言』で，田が，ハノイの悲愴な表情を予想していたが，市場の賑わい，工場で働く少女の笑顔などにベトナム人のしたたかさを見た，と報告したことに対し，政府・自民党から反発が噴出した．田はキャスターを降板する．

1981（昭和56）年，NHKが『ニュースセンター9時』で放送した「ロッキード事件5年——田中角栄の光と影」は，三木元首相の金権批判インタビューなど政治関係の部分はカットされ，裁判に関する部分だけが放送された．受信料値上げを含むNHK予算を自民党に承認してもらうための配慮であった．

§3 デジタル時代へ

テレビは欠かせない　1960年9月，カラー放送を開始した日本のテレビは，1970年代に全面カラー化された．1970年代には携帯用のビデオカメラとVTRを一体化したENG（Electronic News Gathering）も実用化された．ENGはビデオカメラで撮影した画像を再生し，マイクロ波で直接放送局に伝送するシステムで，1990年代にはさらに，ENGの画像を衛星経由で伝送するSNG（Satellite News Gathering）が登場した．

テレビは浅間山荘事件（1972年），天安門事件やベルリンの壁崩壊（1989年），湾岸戦争（1991年），阪神・淡路大震災やオウム真理教団によるサリン事件（1995年），9.11米同時多発テロ事件（2001年），北朝鮮による日本人拉致事件（2002年），イラク戦争（2003年）など大事件をリアルタイムで報道し，報道機関としての存在感を高めた．

NHKの「国民生活時間調査」によると，マスコミへの接触時間は，表XII-1に見るように，1965年以降テレビが首位で新聞，ラジオを大きく引き離

表 XII-1　メディアとの接触時間（平日）

	新聞	テレビ	ラジオ
1960年	29分	56分	94分
65	20	2時間52	27
70	19	3時間05	28
75	20	3時間19	35
80	21	3時間17	39
85	20	2時間59	32
90	20	3時間00	26
95	21	3時間19	26
2000	23	3時間25	21

注）新聞は1960年のデータはなく，新聞・雑誌・本を合計した値となっている．1960～1965，1970～1990，1995～2000年はそれぞれ調査方法が異なるため，数値の大小を直接比較することはできない．
出所）NHK放送文化研究所編『日本人の生活時間・2000』日本放送出版協会　2002年　p.76，100，106

表 XII-2　欠かせないメディア

	1985年	1990年	1995年	2000年
テレビ	55%	59%	59%	59%
家族との話	51	50	48	48
新聞	37	35	35	37
知人・友人との話	30	30	30	30
ラジオ	10	10	10	7
本	6.0	6	6	7

出所）NHK放送文化研究所編『放送研究と調査』2000年8月号　p.35

し，その傾向は40年近く変わっていない．一方，NHK「日本人とテレビ」調査では，「欠かせないメディア」について質問しているが，1985年以後5年ごとの調査で「テレビ」は50％を超え，首位を維持している（表XII-2）．

ラジオは高度経済成長期に急成長したテレビにおされ，一時期影が薄くなっ

たが，その後，テレビの総合編成とは異なり，時間帯によって異なる聴取者に見合った番組を集中的に編成する方式を導入することによって復活した．テレビに比べ，ラジオの接触時間は少ないが，災害時にきめ細かな安否情報伝えるなど，ライフラインの機能を果たしている．

テレビ新時代　1953年，白黒画像でスタートした地上波テレビに次いで，1980年代にニューメディアとして都市型ケーブルテレビ（CATV）や衛星放送が登場してきた．ケーブルテレビ，衛星放送はもともと電波が届かない山間部や，都市のビル陰などで発生する難視聴地域を解消する目的で始まったが，技術革新で多チャンネルや双方向性機能をもつ新しいテレビへと発展していった．

総務省のまとめによると，2002年度末現在，自主放送を行うケーブルテレビの加入世帯数は1,500万を突破，全世帯に対する普及率は31.2％となった．一方，インターネットをケーブルテレビで行う世帯も2003年3月末現在207万に達し，順調に伸びている．ケーブルインターネットは政府が策定した「e-Japan戦略」の根幹となるブロードバンド普及の牽引車の役割を担ってきた．

衛星放送には，2003年末現在，1989年に始まったBSアナログ放送，1996年に始まったCSデジタル放送，2000年に始まったBSデジタル放送，そして，2002年3月から始まった東経110度CSデジタル放送がある．このうち，BS放送の受信契約件数は2003年3月末現在，NHKの衛星契約（BSデジタルを含む）が1,157万7,138，WOWOWの加入世帯数が249万8,524となっている．

そして，2003年12月1日，50年の歴史をもつ地上波テレビが，ケーブルテレビと衛星放送について，関東・中京・関西の3大広域圏でデジタル放送を開始した．地上波デジタルテレビ放送は，2006年には全国でも始まり，2011年7月には現在のアナログ放送は廃止されることになっている．それまでに，1億2,000万台のアナログ受像機はデジタル受像機に買い替えるか，デジタル専用チューナを付けなければならないが，その費用は10年間で16兆円と予測されている（『朝日新聞』，2003年11月27日朝刊）．2011年7月まではアナログ放送がデジタル放送と並行するが，その間，混信を防ぐための「アナアナ変換」に

1,800億円の国費が投入されるほか,全国7,000カ所に建設する中継局を含めデジタル設備に放送事業者が投資する額は,NHKと全民放合計で1兆2,000億円に達する(『東京新聞』,2003年12月3日朝刊).デジタルテレビは巨大な産業を形成している.

地上波デジタルテレビには,高画質,高音質,マルチ編成,電話回線とインターネットを使った双方向性,データ放送などの機能がある.テレビの送り手は,デジタル技術が生み出したこれらの諸機能を活用して,文化の発展に寄与するコンテンツ(テレビソフト)を開発していかなければならない.双方向性機能によってデジタルテレビは,受け手にとっては見るものから使うものへ変わるといわれるが,使うという機能を活用するためには,メディア・リテラシーが要求される.地上波デジタルテレビは,テレビの送り手だけでなく,受け手にも重い課題を投げかけている.

(向後　英紀)

参考文献

Barnouw, Erik, *A History of Broadcasting in the United States, Volume* 1 : *A Tower in Babel,* Oxford University Press, 1966.
伊豫田康弘ほか編『テレビ史ハンドブック改訂増補版』自由国民社　1998年
片岡俊夫『新・放送概論』日本放送出版協会　2001年
竹山昭子『ラジオの時代』世界思想社　2002年
日本放送協会編『20世紀放送史　上下』日本放送協会　2001年
日本放送協会編『放送五十年史』日本放送出版協会　1977年
松田浩『放送戦後史Ⅰ・Ⅱ』双柿社　1980年・1981年

XIII 放送ジャーナリズム

§1 揺らん期のテレビニュース

久米キャスターの降板 2003年8月,テレビ朝日はニュースステーションの久米宏キャスターが2004年3月で降板する,と発表した.後任は古館伊知郎である.久米はニュースステーション(以後Nステ)のメインキャスターを18年6か月務め,わかりやすいが独特の語り口でテレビニュースに一時代を築いた.

Nステは硬軟のニュースを取り混ぜた総合編集を目指して,1985年10月に夜のワイドニュースとして発足した.NHKのニュースセンター9時(以後NC9)に続くワイドニュース2代目である.NC9も1974年4月から1993年3月まで19年続いた長寿番組だが,その間メインのキャスターを務めたのが初代の磯村尚徳キャスターを含めて全部で7人,番組名もNC9,ニュース・トゥデー,ニュース21と変わっているのに比べると,久米キャスターのNステがいかに長寿だったかがわかる.

夜のワイドニュース初代のNC9は,それまでの"お堅い"ニュースで有名

だったNHKニュースに新しい風を吹き込もうと企画されたが，その10年後に，今度はNステがNC9も含めた従来のニュースを批判して，新しいタイプのテレビニュースを目指して発足した．両者共に，わかりやすいこと，視聴者の立場からの視点，もっとテレビの特性をいかすことという，同じような方向性を持っていた．

　これは，揺らん期を脱して成長期に向かっていた当時のテレビニュースを知る上で興味深いものがある．それだけでなく，①わかりやすい，②視聴者の視点，③テレビ特性の3点は，現在のテレビニュースにとっても，きわめて重要な課題である．テレビ初期の時代から成長期に向けてテレビニュースがどのように歩いてきたかを振り返りながら，上記の3点が現在も抱え続ける問題点を考えてみる．

　<u>テレビ初期の組織</u>　1953年にテレビが始まった当座のテレビニュースは，先発のNHKを例にとると，ニュースの項目や内容をパターンとよばれる厚紙に書いて，スタジオ内の2台のカメラで交互に映していくという，いわば紙芝居方式であった．このパターンを換える際のキュー（合図）が「パターンフリップ」であった．このパターンを，現在フリップとよんでいるのは，ここからきているようだ．

　原稿は，ラジオ用のニュース原稿をテレビ用に，申し訳程度に書き直したものをアナウンサーが別室で読み上げるだけで，初めのうち顔は映らなかった．フィルムによるニュースは，日映新社制作の日本ニュースを購入して，1週に1回（15分）放送した．このように，初期のテレビニュースはニュース映画出身者，NHKのディレクター，記者などがそれぞれに分れて制作していた．

　初期の頃は，テレビ放送開始に備えて新設されたテレビ局の映画部がテレビニュースを担当していた．ラジオニュースは以前からのラジオ局に属する報道局の担当で，テレビニュースの原稿はラジオニュース用を簡単に手直しして使っていたが，とくに報道局と密接な関係があったわけではない．試行錯誤を繰り返しながら，テレビニュースの担当者が報道局配属となり，曲がりなりにも

体制が一本化されたのは4年後の1957年で，テレビニュース取材部という担当の部ができたのは，さらに2年後の1959年だった．

初期のテレビニュース　当時のテレビニュースは，ニュース映画の影響が残り，動く映像中心の考え方が強かったため，季節ものや話題ものが多くを占め，政治，経済といった絵になりにくいニュースは敬遠されていた．また地方局や海外のニュースはフイルムが届いてからになるので，1〜2日遅れるのはあたりまえのことで，4〜5日遅れも珍しいことではなかった．

そのような状況も影響して，報道局の関心は相変わらずラジオニュースにあり，こちらは新聞と同じ価値基準で硬派のニュース中心だった．当時の報道局は，同じニュースでありながら，ラジオとテレビでは別の価値基準を持ったニュースを放送しているかのようであった．このため，絵がなくても必要なニュースは伝えなければならないという意見が出されるのは自然の成り行きであった．やがて，フィルムの有無にこだわらず，ニュースバリュー中心の編集とし，必要なニュースは硬軟織り交ぜてすべて伝えていこうという，いわゆる総合編集のニュース番組の検討が始まった．

このようなテレビニュースの検討が進められている一方で，各テレビ局でも新形式によるニュース番組が新設されていった．1956年8月，日本テレビが早朝に，夜の間に入った海外のニュースを中心にした『NTVニュース』を新設した．これは，アナウンサーが顔を出してニュースを伝える形式だった．NHKも翌1957年8月，TBSも1958年1月から早朝ニュースを始めた．NHKの早朝ニュース『けさのニュース』は午前7時から10分間で，はじめて特定のアナウンサーと解説要員を起用した．ときどき部外の解説者も出演したが，これは，それまでのアナウンサーが読むニュースに慣れてきた視聴者からは，あまり評判が良くなかった．

早朝のトークニュース　このような動きの中で，NHKでは，ニュースバリュー中心のニュース，つまり，季節物や話題物ばかりでなく絵のない硬いニュースも取り上げるという意味で，すべてのニュースを網羅するニュース番組

の模索も続けられていった。『NTVニュース』が最後に主なニュースを紹介して総合編集の形をとったことも大きく影響した。

　1959年1月，NHKは朝7時の早朝ニュースに続いて朝8時にもニュースの時間帯を設けて，評判のよくなかった部外の解説を引き継ぐ形で早朝トークニュースを新設した。同時に，7時の『けさのニュース』はフイルムも含めてアナウンサーが読むニュースに戻し，内容は，前日の夜7時のニュースの再放送とテロップによる主なニュースの紹介が中心であった。

　8時のニュースは20分で，解説者がスタジオでニュース原稿を読みながら解説を入れていくという今のキャスターニュースの原型ともいえる形式をとった。解説者は，部内のデスクのほか，外部の著名人も出演した。なかでも評判がよかったのが，長谷川才次（時事通信社長），白川威海（朝日新聞社友），横田実（新聞協会専務理事）の3氏であった。長谷川は外電を得意とし，白川は堂々とした風貌からも視聴者の信頼を集め，横田を含めた3氏は，キャスターの草分けともいえる人たちであった。

　絵のないニュースでも，伝え方次第で十分視聴者の理解がえられることが分かったわけである。この場合は，解説者の風貌と共に人柄，教養といった内面的なものも自然と画面に映し出されて，視聴者の信頼感につながっていったといえる。このようなテレビの重要な機能に関係者が気づいたことは，その後のキャスター選びに影響を与えた。

　アナウンサーが原稿をひたすら正確に読むことが視聴者の信頼につながるというラジオ時代から続いている考え方は，一方で冷たい，役所の公報といった批判を受けがちである。『けさのニュース』によって，将来のキャスターニュースの一端が浮かび上がったといえる。

　しかし，いかに信頼がおけるといっても，ニュースとその解説だけを映像なしで20分続けるというのは，やはり無理だったようで，『けさのニュース』は1年で終わった。

きょうのニュースとニュースコープ　このように，テレビ的ニュースの総

合編集への試行が繰り返される中で、1960年4月、『NHKきょうのニュース』が始まった。夜10時から20分間の当時としてはワイドな番組で、絵の有る無しに関係なくスタジオから必要なニュースを伝えるという総合編集であった。テレビニュースの改善を目指してきた関係者の努力が実ったといえる。

このニュースでは、アナウンサーをスタジオの中心に据えて、背後のスクリーンにフイルム、テロップ、図表、写真などの映像を映し出した。また、アナウンサーは数人でスタートしたが、半年後に今福祝、大塚利兵衛、進藤丈夫の3氏に固定された。

さらにまた、1962年10月、TBSが夕方6時から20分間の『TBSニュースコープ』を新設した。これは、新聞界出身のジャーナリストを起用した本格的なキャスターニュースで、豊富な取材体験を持ったキャスターが当事者や関係者をスタジオに招いて対談したり、アイドホールに中継映像を入れ込んで現場から直接報告を受けたりと、キャスターの人柄と巧みな演出で人気を集めていった。

『TBSニュースコープ』のキャスターは、初代が、戸川猪佐武（読売新聞）、田英夫（共同通信）、2代目が古屋綱正（毎日新聞）、入江徳郎（朝日新聞）の各氏であった。

『TBSニュースコープ』の成功に刺激されて『NHKきょうのニュース』も、中継車をできるだけ出動させて現場からの生中継を心がけた。当時の中継車は大型で数も少なく、多数の人手が必要だったので、規模の大きなイベントやドラマの撮影等の予定が詰まり、事件・事故が起きたからといって、報道局が簡単に使えるものではなかった。このほか、スタジオに実物を持ってきたり、図解をして説明したりと、現在のワイドニュースで日常的に行われていることは、ほとんど試みられている。現在まで続いているワイドニュースの大枠は、この2つの番組によって固められていったといってよい。

『NHKきょうのニュース』と『TBSニュースコープ』が目指したものには、各種のニュースの枠を取り払った総合編集、あるいは視聴者の興味にこたえる

といった同じような内容がみられる．その一方で，『TBS ニュースコープ』には「NHK の官報的な雰囲気の打破」，一方の『NHK きょうのニュース』にも「ニュースはおもしろいといわれることを目指す」といった目標が盛り込まれている．表現こそ違え，両者とも同じ方向を目指していたのは興味深い．ラジオ時代も含めて，それまでのニュースがいかに類型化，定型化していたかをうかがわせると同時に，ようやくテレビの扱いに慣れてきた関係者が，テレビを通して新しいタイプのニュースを築いていこうという動きを本格化させてきたといえる．

§2 過渡期のニュース

ニュースセンター9時前夜　しかし，新形式のニュースを目指す動きは，どちらかというと少数派であった．まだまだラジオ時代の気風が残っていたのである．特に，NHK で，その傾向が強かった．

NHK のニュースの顔は，やはりラジオ放送開始期から続いている夜 7 時のニュースであった．そこでは，ラジオニュースから続いている新聞的価値を基準としたニュースが中心で，取材してニュース原稿を書くのは，出先の記者クラブ等で取材活動を続けている放送記者であった．

当時の記者たちは，ラジオ時代に育った記者が中心である．当初は新聞記者ばかりだった記者クラブにはじめての放送記者として加盟し，新聞を手本にしながら新聞に追いつき追い越せと，新聞記者相手に取材競争に明け暮れてきた人たちである．新聞的ニュース価値が骨の髄までしみこんでいる．自分たちが書いた原稿こそがニュースそのものであると頑固に信じて疑わない．

彼らにとっては，できたばかりのテレビニュースなど，ニュース映画の亜流程度にしか考えられなかった．放送記者である以上，テレビという新しいメディアの重要性はわかっているつもりでも，ニュースは記者が書いた原稿中心，というラジオ時代の気風が大勢を占めていた．

フイルム中心の初期のテレビニュースを花鳥風月と苦々しく横目で見ていた

記者たちが，テレビでも絵がないニュースは文字で出すということになれば，当然のこととばかりに，今までどおり"書き原稿"主体の取材を最優先させる．その結果，映像や実音というテレビの重要な要素はなおざりにされていく．

　夜7時のニュースは，こうして，政治，経済といった硬派のニュース中心に，「政府は……」「国会は……」「大蔵省（当時）は……」から始まるニュースをアナウンサーが1字1句も間違わず正しい日本語で端然と読み上げていくことになる．

　しかも，新聞記事と張り合うあまり，短い時間の中に多くの情報を詰め込もうとしたため，漢語が多く構文も複雑になり，事実関係は正確であったかもしれないが，1度聞いただけではとても理解できない文章がほとんどだった．ベテランのアナウンサーによる努力でようやく理解できるという具合だった．

　記者たちは，"小細工"を弄する『NHKきょうのニュース』には見向きもせず，夜7時のニュースを目指して出稿する．結局夜7時は，新聞と同じ土俵で頑なに旧来からのニュース価値を追究する記者向け，一方の9時台はよりテレビ的なニュースへの実験の場になっていく．

　このような状況を背景に『NHKきょうのニュース』はテレビ時代に向かって1歩を踏み出したのだが，結局，部内の大勢に抗しがたく，次第に色あせていった．本格的な新しいテレビニュースは，1974年4月のNC9を待たなければならなかった．

ニュースセンター9時　　NC9が目指したものは，夜7時のニュースに代表されるこれまでのニュースの打破である．

　ニュースとは何か，NC9の準備委員会が一貫して追究したテーマである．従来のニュースと視聴者が望むニュースには落差がある．記者クラブ中心の取材から，より幅広いニュースの素材を追求していく必要がある．記者クラブの大半は官公庁に置かれている．そこでの取材が会見と発表，あるいはレクチャーと称する説明が中心になるのでは"官報的雰囲気"にならざるをえない．

　準備委員会の提案書は，さらにテレビ的手法をいかす必要があるとして，

「映像，音声，色彩の重視，同時速報体制の徹底」をあげ，「原稿の読み上げ方式を転換して，キャスターと共に，ニュースの当事者，証言者，目撃者，あるいは取材者が現場からニュースを伝える現場主義，当事者主義の採用」を強調している．

こうして，テレビ的新機軸を打ち出して，勢い込んで発足したNC9だったが，新番組の例に漏れず，始めのうちはあまり話題にならなかった．ニュースはアナウンサーが無表情に読みあげるからこそ夾雑物なしで理解できると思いこんでいる視聴者，というよりは，思いこまされてきた人たちが違和感を持ったからである．これまでと違って，話しかけるように伝える磯村キャスターの普段のままの語り口が注目されるようになるには，やはりしばらくの時間が必要だった．

その年の11月アメリカのフォード大統領が来日した．磯村キャスターはスタジオを出て，ホテルオークラのプレスセンターから放送した．現場主義を早速実行したわけである．しかも磯村氏は7年におよぶワシントン特派員から帰国したばかりのアメリカ通であった．取材対象を熟知したものが現場から報告すれば，より説得力を持つのは当然のことで，NC9は，このころから信頼度が高まってきた，と磯村は後年語っている．

また，ニュースの編成でも，政治ニュースを永田町ローカルに過ぎないと没にしたり，巨人の長嶋監督現役引退をトップにしたり，デビュー間もない演歌歌手石川さゆりの「津軽海峡冬景色」をタップリ聞かせたりと，裃を着ていたようなニュース全盛の中で，破天荒なニュースの連続であった．

こうして，当初のねらいどおり，ニュースの間口と裾野は徐々に広がっていったが，従来のニュース価値を守ろうとする取材記者たちの反発も激しく，NC9の制作，編集に当たるディレクターと記者たちの対立は厳しくなる一方であった．

ニュースステーション　Nステの発足は，1985年10月である．NC9は11年と6カ月を迎え，5人目の木村太郎キャスターが健闘していた．Nステ

の企画意図について，テレビ朝日の広報資料は次のようなことを明らかにしている．加勢和昭氏の「ニュースステーションの冒険」(『放送レポート』1987年1・1号　p.30)から引用させていただく．

「従来のものは，活字を映像化したものであり，テレビの特性を活かしているとはいえない．視聴者のテレビ報道に対する信頼感は今一歩である．活字媒体より多様の表現ができるテレビがこれを許しているのは，未だ確立された本物の報道番組が生まれていないのではないだろうか．」

「新しい報道番組にとって大切なことは，(略)視る側の求めるものをよく知ることである」「新しい報道番組とは，(略)ごく普通の庶民の関心事を見極め，迅速豊富な取材とわかりやすく簡略な表現方法によって伝えるものである．」

以上は，NC9がかつて目指したところと大差ない．NC9は発足からすでに11年を経過して，後発のニュース番組からみれば，やはり時代遅れとみられていたのだろうか．テレビのハード面での進歩が早いこともあるだろうが，テレビの特性をつかみきることが，いかに難しいかを物語っている．

Nステで特筆すべきことは，まず，わかりやすさと親しみやすさである．わかりやすさでは，久米キャスターの語り口と番組の作り方の両面がある．

久米は，アナウンサー出身で，話し方だけでなく話題の切り替えも巧みである．難しい専門用語は使わず，平易なことばで嚙んで含めるように伝える．勢いよく早口で話すがきわめて明瞭で，しっかりしたアナウンス技術を身につけている．また，最後に自分の感想を述べる一言が捨てぜりふのようだと批判を受けたが，この一言で胸のつかえが下りたと共感を寄せる人も多く，徐々に関心を集めていった．

一方，番組の作り方では，継続している問題については，必ず最初に経過説明をするので，はじめてそのニュースに接する人でも容易に理解できた．これは，NC9が，どちらかというとホワイトカラーを対象にしがちであったことと大きく違うところであった．また，そのころ次第に使われるようになったCGやアニメをあえて使わずに，手書きのフリップや積み木を使った立体感の

ある模型といった手作りを重用したことも，わかりやすさと親しみやすさを増した原因となった．

運も味方に　また，翌 1986 年 1 月 28 日に米国で起きたスペースシャトル「チャレンジャー号」の爆発では，提携している CNN の映像を十分使うことができたという利点もあったが，スタジオに作った立体的な模型が事故の状況や原因の解説を一層わかりやすくして，このときの視聴率は 14.6％ まであがった．

さらに翌月の 2 月 25 日，フィリピンの政変で，当時のマルコス大統領夫妻が，ついにマラカニヤン宮殿をヘリコプターで脱出したのが夜 10 時 5 分頃．N ステが始まってすぐの時間で，飛び立ったヘリコプターを映しながら，政変の模様を伝えることができた．当時 NC 9 が 10 時まで延長したが時間切れで間に合わず，結局 N ステの独壇場になった．このような時間的な幸運に恵まれ，さらに安藤優子のマニラからのリポートも評判を呼んで，その時の視聴率は 19.8％ に跳ね上がった．以後，N ステの視聴率は 2 桁台が続いた．

NC 9 がフォード大統領来日の際，磯村キャスターの解説で信頼感をえたように，新番組が視聴者に認められるには，何らかのきっかけも必要のようだ．

テレビ的ニュースとは　このような幸運にも恵まれたが，なんといっても N ステを成功させて長寿を保つことができたのは，ニュースの伝え方がわかりやすかったことによる．硬いと思われがちなニュース番組を，なぜ，このようにわかりやすく作るようになったのであろうか．それを解く鍵はスタッフにあったようだ．N ステの制作集団には本格的な報道番組に外部プロダクションとして初めて参加したオフィス・トゥ・ワンを含めてニュースの素人が多かったという．既存の枠にとらわれず，自分たちが理解できないことは放送しない，わかるまで噛み砕くことを心がけたという．「視る側の求めるものを知る」という目標が，ニュースに不慣れの人たちによって，着実に実行されていったことは興味深い．

素人という点に関しては，久米キャスター自身が報道とはあまり関わりがな

かった．ニュースの玄人が売りのひとつだった NC 9 と違って，久米は，自身をニュースキャスターではなくニュースの司会者といっていた．ニュースをわかりやすく伝えるために，できるだけ平易なことばを使ったが，ニュースについての解説は，この番組のコメンテーターで朝日新聞編集委員の小林一喜にお任せする，というスタイルをとっていた．熟年の小林氏の落ち着いた態度と嚙んで含めるような解説も，久米キャスターとは好対照で，視聴者の信頼感を増した．

さらにテレビ的内容という点については，1970 年代後半に ENG（Electronic News Gathering）システムが実用化されたことがあげられる．カメラとビデオと中継電送機器の一体化，簡便化である．フイルムだったカメラがビデオデッキと一体化され，撮影したビデオ映像がすぐ現場から中継できる．現場からオートバイで運んだフイルムを，さらに現像してようやく放送に出していた時代では，とても考えられなかったことが簡単にできるようになった．ENG によるスピードと鮮明な映像は一足飛びにテレビ時代の到来を告げた．

テレビの最大の長所だった速報は即報になってさらに力を増した．即時性，同時性の時代である．大きな中継車がなくても簡単に現場からの中継が可能になり，これによって現場主義が簡単に実現してしまった．同時進行のテレビ画面を見ながら，視聴者は家庭にいながら現場の目撃者になることができた．

N ステは，ハード面でも，実にタイミングよく大きな味方がいたのである．

こうしてテレビニュースは成長期に移っていくことになる．

§3　目標の再点検

視聴者の興味と関心　N ステの成功を受けて，ニュースも採算があうと各局がニュース番組を作り始め，夜のプライムタイムを中心にニュース戦争が始まった．これまで述べてきた視聴者の興味と関心を把握する，テレビの特性を活用する，当事者主義，現場主義に徹する等それぞれの番組が目指したテーマは，今や当然のごとく語られるようになった．

しかし，これらのことばは，使い方によっては，むしろマイナスの方に進みかねない危うい２面性を持っている．この辺でいったん立ち止まってテレビ特性について考えてみよう．

　これらのことばは，テレビが揺らん期から成長期に移る過程という時代的背景がもたらしたといえる．すでに述べてきたように，新しいメディアであるテレビを十分にいかしていくには，ラジオ時代からの切り替えと新聞の影響からの脱出が焦眉の急だった．

　視聴者の興味と関心にこたえることは，まずわかりやすいことが前提だが，一方では，視聴者の好みに迎合してしまう危うさがある．かつての新聞のように，高いところから読者を啓蒙するという態度は，もはやありえないが，逆に，視聴者に媚びを売る，人気取りに走るという傾向を助長させ，たどり着く先は視聴率至上主義ということになりはしないか．

　視聴者の意向を知るというより，ジャーナリズムにとってまずしなければならないことは，社会の動きをできるだけ正確に把握して，多くの人にとって今必要なことは何か，何が問題になっているかを明らかにして，視聴者が考えるための材料を提供するという，より積極的な態度こそ求められているのではないか．硬いことばでいえばアジェンダ・セッティング，議題設定機能である．そして，今の社会の閉塞状況の中で，多くの人が疑問に感じていること，「なぜそうなるの？」「ホントは何なの？」の疑問に，正確に，丁寧にこたえることが，視聴者の信頼をかちとる最善の道ではないだろうか．

　目先の迎合主義は，おもしろければよいということにつながりやすい．これは視聴者の好みに合わせるというより，むしろジャーナリズムが戒めてきたことである．おもしろいということばそのものが，ばかばかしい笑いから滑稽なこと興味のあることまで，非常に幅広く使われているが，一時のばかばかしい笑いで終わってしまっては，ニュースとはいえない．

　表現上のテレビ特性　　表現に関してのテレビ特性とは何か．同時性もスピードに関してのテレビ特性のひとつだが，ここでは，表現手段の映像と音声に

ついて考えてみよう．Nステのところで「従来のニュースは活字を映像化したもの」という表現があった．しかし，テレビの成熟期に入った今，改めて考えてみると，動画であろうと活字であろうと，表現手段が違うだけで，対象になるもののニュース価値に変わりがあるのだろうか．

　大事なことは，伝えなければならない対象を映像と音声によって，いかに端的にわかりやすく表現していくかであって，テレビも新聞もニュースとして報道する対象に大きな違いはないのではないか．テレビは文字よりも映像と音声という多様な表現手段を持っているので，ニュースの対象を，わかりやすく，端的に表現するための優れた技術が必要である．しかし，それは文字で表現する際の文章が上手，下手というのと同じことではないのか．

　誘導兵器が目標に当たるところの映像より，誤爆を受けた付近の住民の無惨な姿の方が，より戦争の実態を伝えているはずだ．今この場では何が1番大事なニュースなのか．ニュースの対象に狙いを定める際には，豊富な経験と知識に裏打ちされた勘が必要だし，いかに表現するかの熟練した技術が問われる．しかし，それは，テレビも新聞も同じなのではないか．

　<u>テレビ視聴の「印象」</u>　テレビは送り手の決めた速さで放送されていく．新聞や雑誌といった活字媒体のように繰り返して見ることができない．したがって映像と音声が視聴者にすぐ理解できるようなわかりやすいものでなければならない．それでもなお，視聴者は一瞬の印象によって，今見た映像を判断しなければならない．これが，一般的な視聴者のテレビの見方である．

　視聴者に強く印象づけようとすれば，強烈な映像や音声を流したくなる．最近の技術では映像や音声の編集は，ますます容易になっている．その気があれば，かなりの作為が可能である．送り手は過度な編集をしないよう厳に慎まなければならない．なお，メディアの情報を批判的に受け止めようというメディア・リテラシー研究は，ある意味では，上記のような情報に対する不信感の現れでもある．このことに，メディア関係者はもっと留意する必要がある．

　ところで，視聴者のテレビを見る際の印象についてだが，印象は人によって

さまざまな受け止め方があるわけで，客観的な物差しはない．簡単にいえば，テレビ的な表現は，このはっきりしない印象が相手なのである．

ダイオキシン報道の最高裁判決では，テレビ視聴の「印象」をもとに，テレビ朝日の実質敗訴の判決が出されている．では，印象とはどんなものか．広辞苑には「強く心に感じて残ったもの」「対象が人間の精神に与えるすべての効果」とある．これでは具体的な定義は不可能に近い．しかし，視聴者の求めるものをはっきりと具体的に把握する意味でも，テレビ関係者は，これまでなおざりにしてきた一般的な視聴者の「印象」について，深く考えていく必要があるのではないか．

ダイオキシン報道の最高裁判決については，『現代マスコミ論のポイント』で取り上げているので参照されたい．

当事者主義，現場主義　この2点は，ニュース取材の基本中の基本だ．しかし，記者クラブでの日常的な取材はどのように解釈すればよいのであろう．イラク戦争では，従軍取材に多くの批判が寄せられていた．長期にわたって寝食と危険を共にすれば情が移って客観的な記事が書けなくなるのでは，という批判だ．記者クラブでの取材だけでなく，政治家，財界人等権力者，実力者への取材の場合は，普段からの密着取材が多くなるが，常に客観的に行われているのだろうか．

このように，当時のニュース番組が掲げた目標は，本来は古いニュースからの脱皮が主目的であった．それはそれで，当時としては無理からぬことであった．しかし，時を経てそれらの目標が独自な動きを始めると，もっとも肝心なニュース価値が崩れていってしまう恐れが多分にある．

ただおもしろければよいだけなら，もはやニュースとはいえない．しかし，前述したとおり，おもしろくなければ人は見ない．興味本位であってはいけないが，興味を持って見てもらうように努力する．映像を重視するあまり，ついには，やらせに走る．当事者主義は，得てしてプライバシーの侵害に陥りがちである．このようにみてくると，最も重要なことは，社会生活での基本的な倫

理観と常に社会の動きを見逃さない冷徹な眼を身につけることではないか．

　最後に，現場主義の端的な例として現場からの中継についてである．これはまた，同時性，即時性の例でもある．自宅に居ながらにして現場の目撃者になれる．しかし，実は，そこに落とし穴がある．

　中継のカメラは，よほど大きな現場でない限り，カメラは1台である．カメラが捕らえている映像自体は事実であることに間違いはない．しかし，カメラは一定の方向にしか向いていない．自宅のテレビに映るのはレンズが向いている方向だけである．カメラの前後左右上下は映っていない．カメラを振って（パーンして），ある程度周囲の状況を映し出すことはできるが，テレビでは，いつも全体が見えているわけではない．おおよその雰囲気がわかるだけである．

　さらに，決定的な弱点は，事件事故が起きた原因，それが周囲に及ぼす影響，将来展望，対策などのような抽象的なものについては，中継用のカメラは無能に近い．したがって，現場の目撃者になれるといっても，きわめて限られたものしか見ることができない．さらに，現場で当事者の話が聞けることも，まずむずかしい．それを補ってくれるのが，現場からの報告であり，場合によっては目撃者の談話ということになる．

　一方，前述のENGカメラのように小型で小回りのきくカメラは，現場を自由に動いて取材をすることが可能である．当事者，目撃者を探すことも可能だし，見つからなくても，まだ時々崩れてくる瓦礫の中に残されていた靴の片方を撮影することで，事件の重さを訴えることができるかもしれない．抽象的なものを具体的なもので象徴的に捕らえることが，このような場合のテレビ取材であり，テレビ的な映像といえるのではないか．

　なお，『筑紫哲也ニュース23』以後の成熟期については，稿を改めて書く予定でいる．

（松岡　新兒）

参考文献

日本放送協会編『20世紀放送史 下』日本放送出版協会 2001年
NHK放送文化研究所監修・小田貞夫『放送の20世紀』日本放送出版協会 2002年
日本民間放送連盟編『民間放送50年史』日本民間放送連盟 2001年
伊豫田康弘ほか『テレビ史ハンドブック』(改訂増補版)自由国民社 1998年
土谷精作『放送 その過去・現在・未来』丸善株式会社 1995年
松尾洋司『テレビ報道の時代』兼六館 1991年
飽戸 弘『コミュニケーションの社会心理学』筑摩書房 1992年
「NHK報道の記録」刊行委員会『NHK報道の50年』近藤書店 1998年
「無名会」史編集委員会編『放送記者 草創期ものがたり』学文社 2001年
松岡新兒「テレビ的伝え方を模索するニュースの歴史」『新聞研究』日本新聞研究所 1993年6月号
松岡由綺雄ほか編『現場からみたマスコミ学II』学文社 1996年
松岡由綺雄編『現場からみた放送学』学文社 1996年
松岡新兒ほか編『現代マスコミ論のポイント』学文社 1999年

索　引

あ 行

アイコノスコープ・カメラ ……………58
ITC ……………………………………60
ISL ……………………………………63
IT 戦略本部 …………………………108
アクセス権 …………………………185
あなたが作るテレビ番組 ……………185
あなたのスタジオ ……………………185
アルカイダ ……………………………6
アルジャジーラ ………………………7
安心報道 ………………………………48
安藤優子 ……………………………226
安否情報放送 …………………………43
ENG …………………………………227
伊勢湾台風 ……………………………42
磯村尚徳 ……………………………224
委託放送事業者 …………………107, 115
一億総白痴化 ………………………166
一括セールス（キー局配分）………148
「イ」の字 …………………………208
移民テレビ …………………………189
インターネット放送 …………………97
ウォーター事件報道 …………………4
雲仙普賢岳の火山災害 ………………50
衛星多チャンネル …………………126
衛星中継 ………………………………59
衛星デジタルテレビ ………………126
HDTV（ハイビジョン）……………128
NHK きょうのニュース ……………221
NHK スペシャル ……………………72
NNN ドキュメント …………………72
NTV ニュース ………………………219
NBC ……………………………………7
ABC ……………………………………7
FM ナパサ …………………………192
FM わいわい ………………………183
冤罪報道 ……………………………175
FCT 市民のメディア・ファーラム …32
エンベット（埋め込み）取材 ………11
OSF …………………………………190
凹型実況 ………………………………66
オープンチャンネル ………………185

か 行

オープン・ドア ……………………185
おかあさんといっしょ ………………18
オムニテレビ ………………………191
外国語 FM 局 …………………………98
海賊放送 ……………………………183
観測情報 ………………………………52
関東大震災 ……………………………41
街頭テレビ …………………………58, 209
箝口令 …………………………………7
キー局 ………………………………144
基幹的放送メディア ………………120
危機管理システム ……………………8
木島則夫モーニングショー …………212
記者クラブ …………………………223
規制緩和 ……………………………113
議題設定機能 ………………………228
木村太郎 ……………………………224
キャッチ 44 …………………………185
9.11 同時多発テロ ……………………6
宮廷ジャーナリズム …………………8
京都ラジオカフェ …………………187
玉音放送 ……………………………205
キルヒ・メディアグループ …………63
グリアスン，J. ………………………73
クローズアップ現代 …………………73
クロンカイト，W. ……………………3
郡上八幡ケーブルテレビ …………183
ケーブルジャック …………………185
KDKA 局 ……………………………199
系列 …………………………………143
劇場用記録映画 ………………………77
啓発情報 ………………………………53
けさのニュース ……………………219
現場主義 ……………………………224
公共放送 …………………………82, 92
公正原則→フェアネスドクトリン
高精細度テレビ放送 ………………114
鉱石ラジオ …………………………203
高度経済成長 ………………………209
購入番組 ……………………………150
国際サッカー連盟 ……………………61

国内番組基準 …………………103
5大メディア …………………13
国境のない電波→OSF
小林一喜 ……………………227
コミュニティーFM局 …………141
コミュニティーチャンネル ……186
コミュニティー放送 ……………186
ゴールデンタイム ………70, 148

さ 行

災害報道 ………………………44
裁判報道 ……………………175
サイマル放送 ………………114
ザ・ノンフィクション …………72
差別発言 ……………………167
差別表現 ……………………167
サマランチIOC会長 …………56
SALTO ………………………189
CIE→民間情報教育局
CS ……………………………105
CSデジタル放送 …………106, 127
CS放送 ………………………106
CNN ……………………………7
ジェニングス, P. ………………7
自社制作番組 ………………150
自主ガイドライン ………………22
視聴率 ………………………179
視聴率至上主義 ……………228
視聴率優先主義 ……………180
実名主義 ……………………177
CBS ……………………………3
市民放送 ……………………182
市民放送ディープディッシュTV ……196
社団法人日本放送協会 …112, 202
ジャパン・コンソーシアム ………64
週刊子どもニュース ……………19
「従軍」記者 ……………………11
集中的過熱取材 ……………176
受託放送事業者 …………107, 115
ジュネーブ協定 ………………12
準キー局 ……………………144
自由テレビ …………………185
自由放送 ……………………184
商業放送 ……………92, 182, 200
湘南ケーブル ………………192
消費者金融CM ………………179
情報局 ………………………204

情報番組 ………………………70
人権と報道に関する宣言 ……168
新世界情報秩序 ………………10
心的外傷後ストレス障害→PTSD
ストックホルム症候群 …………11
スポーツ放送権 ………………63
スローモーションビデオ ………59
生活情報 ………………………54
世界無線庁会議 ……………105
セサミストリート ………………24
1927年無線法 ………………201
全国4局化 …………………145
双方向放送 …………………130

た 行

体験! メディアのABC ………33
第3の放送 …………………184
大衆情報提供手段 …………116
大本営発表 …………………205
代理店 ………………………151
高柳健次郎 …………………208
多チャンネル …………………94
WEAF局 ……………………200
WLBT事件 …………………185
地上波アナログテレビ ………129
知的所有権 …………………138
チャレンジャー号の爆発 ……226
注意情報 ………………………52
著作権 ………………………138
データ放送 ……………54, 130
通信省 ……………………201, 204
TBSニュースコープ …………221
TBS成田事件 …………………81
デジタルカリキュラム ………137
デジタル録画機 ……………133
テレジェニック …………………57
テレビアニメ …………………18
テレビM6 ……………………68
テレビ・ドキュメンタリー ………76
テレビ・ネットワーク ………96, 143
テレビ批判 …………………21, 212
テレビマンユニオン ……………99
テレビンピック …………………57
テレメンタリー …………………72
電波の稀少性 ………………166
電波法 ………………100, 102, 141
東海地震 ………………………51

索 引

動画配信	137
東京オリンピック	59
当事者主義	224
同時多発テロ	6, 17
同時放送	66
ドキュメンタリー番組	70
特殊法人日本放送協会	207
毒物カレー事件	169
匿名報道	177
独立U局	144
凸型実況	66
トランジスタラジオ	43

な 行

ナイトライン	13
ナイラ証言	5
新潟地震	43
日曜娯楽版	212
日本映像記録センター	80
日本の素顔	76
ニュースステーション	217
ニュースセンター9時	217
ネットワーク	144
ネットワーク配分	149
ノンフィクション劇場	19

は 行

ハード・ソフトの一致	107, 114
ハード・ソフトの分離	107, 114
ハーフパッケージ	65
ハノイ――田英夫の証言	213
パブリック・アクセス	186
番組制作会社	100
犯罪被害者の会	175
バンザフ事件	185
阪神大震災	40, 47
BRO	172
BS	105
BSアナログ放送	108, 127
BSC→放送基準委員会	
BSデジタルテレビ放送	127
被害報道	42
PTSD	26
PBS	94
BPO	173
BBC	9, 77, 177
FOX	12
FOXニュース	11

110度CS放送	106
表現の自由	102
ひらけ！ ポンキッキ	18
ビン・ラディン	7
ファイスナー・メモ	206
Vチップ	21
フェアネス・ドクトリン	6, 197
無事情報	49
プライバシーの保護	176
プライムタイム	148
フリースピーチTV	196
フリーラジオ	94
フルパッケージ	65
ブロードバンド	136, 188, 196
プロジェクトX	73
ベトナム海兵大隊戦記	80
ベトナム戦争	2
ベルリン・オリンピック	58
ペンタゴン・ペーパー	4
ポータパック	186
防災機能	40
防災報道	42
放送基準	103
放送基準委員会	174
放送局の開設の根本的基準	115, 143
放送権	63
放送時間販売制	200
放送政策研究会	150
放送政策懇談会	120
放送大学学園	95
放送と人権等権利に関する委員会→BRC	
放送と青少年に関する委員会	29, 173
放送と通信の融合	102, 139, 196
放送番組向上委員会	172
放送番組相互間の調和	118
放送普及基本計画	95, 116, 141
放送フラッグ	133
放送法	102, 117, 119
放送ライブラリー	104
放送倫理基本綱領	164
放送倫理・番組向上機構→BPO	
放送倫理綱領	104
報道機能	40
報道特集	73
報道番組	70

暴力描写 ……………………………22
「ポケモン」問題 …………………35

ま 行

マスメディア集中排除原則 ………101,143
松本サリン事件 ……………………175
マルチュース ………………………139
ミソネタ報道協議会 ………………174
民間情報教育局 ……………………205
民間放送局 …………………………142
民放連メディアリテラシー・プロジェクト ………………………………32
無罪推定の原則 ……………………175
無線電信法 …………………………111
名誉毀損 ……………………………170
室戸台風 ……………………………41
メディア・スクラム ………………176
メディア・リテラシー
　　　　　 ………22,29,33,186,195,216
メルプロジェクト …………………32
モバイル受信 ………………………130

や 行

やらせ ………………………………73
予知情報 ……………………………52

ら 行

ライフライン情報 …………………54
ラザー，D. …………………………6
ラジオコード ………………………205
ラジオネットワーク ………………97
ラジオブーム ………………………200
力道山 ………………………………58
レッドライオン事件 ………………185
ロス疑惑 ……………………………167

わ 行

ワールドカップサッカー（W杯） ……60
ワイドショー ………………………167
WOWOW ……………………………106
私たちの留学生活〜日本での日々……75
私は貝になりたい …………………211
湾岸戦争 ……………………………2

編著者紹介

松岡新兒
1931年　東京に生まれる
1958年　早稲田大学文学部ロシア文学専攻卒業
専　攻　テレビ・ジャーナリズム
主　著　『ニュースよ　日本語で語ってほしい』兼六館　1992年
　　　　『現場からみたマスコミ学』（共編）学文社　1995年
現　職　日本大学講師・前日本大学教授

向後英紀
1940年　東京に生まれる
1964年　東京大学文学部英米文学科卒業
専　攻　放送史
主　著　『ラジオ放送』日本図書センター　1997年
　　　　『コミュニケーション学入門』（共著）NTT出版　2003年
現　職　日本大学教授

新　現場からみた放送学

2004年4月10日　　　第一版第一刷発行

編著者　　松岡新兒・向後英紀
発行所　　株式会社　学文社
発行者　　田中千津子

東京都目黒区下目黒3-6-1（〒153-0064）
電話 03（3715）1501（代）振替00130-9-98842
（落丁・乱丁の場合は，本社でお取替え致します）
定価はカバー，売上カードに表示〈検印省略〉
　　ISBN4-7620-1310-2　印刷／株式会社亨有堂印刷所